JN297464

みんなで学ぶ放射線副読本

科学的・倫理的態度と論理を理解する

福島大学放射線副読本研究会—監修
後藤 忍—編著
（福島大学共生システム理工学類
放射線副読本研究会）

合同出版

初版の公開にあたって

　2011年3月11日に発生した東日本大震災により、東京電力福島第一原子力発電所（以下、福島第一原発）の大事故が起きて、放射性物質（ヨウ素、セシウム、プルトニウムなど）が大量に放出され、福島県を中心とする広い地域の大気や水、土壌などが汚染されてしまいました。

　汚染された地域では、高い放射線量のため、長期にわたって人の居住が制限される地域が生じました。事故以前に設定されていた年間の追加被ばく線量（医療除く）限度を超える放射線を浴びてしまったり、その恐れがあるために、多くの人々が避難を余儀なくされました。避難の途中で亡くなった方や、原発事故の影響を苦にして自殺に追い込まれた方もいました。東日本の各地で、水道水の摂取や一部の食品の摂取・出荷が制限されることとなり、日常生活にも大きな悪影響を及ぼしています。

　放射性物質は、その影響が収まるまでにとても長い期間を要するため、これから私たちは、放射線による被ばくの問題と向き合っていかなければなりません。

　そのような中で文部科学省は、2011年10月に小・中・高校生向けの放射線副読本をそれぞれ発行しました（以下、新副読本）。新副読本は、福島第一原発の事故の後に作成されたものですが、事故に関する記述がほとんどなく、放射線が身近であることを強調し、健康への影響を過小に見せるなど、内容が偏っているという問題点が指摘されています。

　また、福島第一原発の事故の前にも文部科学省と経済産業省資源エネルギー庁が作成した原子力に関する小・中学生向けの副読本（以下、旧副読本）があり、事故後に回収されたり、ウェブサイトから削除されたりしましたが、これらも原子力の推進側に偏った内容となっていました。

今回の原発事故で教訓とすべき点の一つは、偏重した教育や広報によって国民の公正な判断力を低下させるような、いわば"減思力（げんしりょく）"を防ぐことです。また、放射線による被ばく、とくに低線量被ばくによる健康への影響については、完全には解明されておらず、専門家の間でも見解が一致していません。このような「答えの出ていない問題」について、どのように考えていけばよいのでしょうか。

　私たち、福島大学放射線副読本研究会のメンバーは、学問に携わる者として、また、原発事故によって被ばくした生活者として、このような不確実な問題に対する科学的・倫理的態度と論理をわかりやすく提示したいと考え、この副読本をまとめました。

　この副読本では、国の旧副読本・新副読本における記述や、原発推進派の見解を積極的に載せることでバランスに配慮しながら、そこに見られる問題点を指摘することで、判断力や批判力を育むことができるように工夫をしました。もちろん、この副読本も、批判的に読んでいただく対象となります。

　この本の内容が、より多くの子どもたちや放射能汚染に苦しむ方々、そして、広く一般の市民のみなさまにとって、放射線と被ばくの問題を考えていくための一助となれば幸いです。

2012年3月25日

　　　　　　　　　　　　　　　　　　　　　　　　　福島大学放射線副読本研究会

本書の刊行にあたって

　本書は、2012年に電子ファイル（PDF）版として公開した福島大学放射線副読本研究会の副読本（以下、福大研究会版副読本）をもとに、新たに装丁や情報の追加などを行って、一般の書籍として刊行したものです。

　福島大学放射線副読本研究会は、2012年3月25日に福大研究会版副読本の初版を公開し、同年6月26日に改訂版を公開しました。改訂版の作成にあたっては、私たち研究会のメンバー以外にも、全国からたくさんの方々がご協力を申し出てくださいました。ご協力いただいた方々のお名前をすべてここで挙げることはできませんが、この場をお借りしまして、みなさまに心より御礼申し上げます。

　本書は、できるだけ多くの方々に使っていただけるよう、「公平性にも配慮する」ことを編集方針の一つとしています。そのため、とくに低線量被ばくによる健康影響については、専門家でも意見が分かれている状況を踏まえて、「危険である」とも「安全である」とも断定していません。各見解を支持するデータがそれぞれあることは、私たちも把握しておりますが、どれが真実なのかは、専門家の間でもまだ答えが出ていません。そこで本書では、原則として、それらのデータは掲載せずに、「被ばくによる健康影響は完全には解明されていない」という、多くの専門家が認めている事実を確認するにとどめ、このことからでも論理的、倫理的に導かれる内容を中心的に扱っています。

　このような内容について、「慎重派」と「楽観派」のそれぞれの立場の方からは、「物足りない。もっと踏み込んでほしい」といった趣旨のご要望もあるかと思いますが、そのような本書の特徴は、「公平性にも配慮する」という編集方針と、筆者の力量不足によるものとご了解いただければ幸いです。

本書の刊行にあたって、電子ファイル版の内容に追加した情報として、1）原子力に関するコンクールの分析についての解説、2）国の新副読本（小学生用、中学生用）の全ページ、3）各種の説明図・写真・注、などがあります。本書のタイトルも、より多くの方々に読んでいただくことを願って、『みんなで学ぶ放射線副読本——科学的・倫理的態度と論理を理解する』としました。

　福大研究会版副読本は、これまで電子ファイル版の無料ダウンロードの方法を原則としてきましたが、本書の刊行により、普段インターネットを使わない方々の目にも留まる機会が増えていくことを期待しています。

　今までに電子ファイル版の福大研究会版副読本をお読みいただいた方も、初めて本書で福大研究会版副読本をお知りになった方も、放射線と被ばくの問題に対する科学的・倫理的態度と論理を理解するために、本書を役立てていただければ幸いです。

2013 年 3 月1日

福島大学放射線副読本研究会

目次

初版の公開にあたって……………2
本書の刊行にあたって……………4

副読本の編集方針について……………7
副読本のポイント……………10
1　東京電力福島第一原子力発電所の事故……………12
2　放射線について……………20
3　放射線による人体への影響……………31
4　法律などによる放射性物質や放射線の管理……………40
5　事故の教訓から、いかに学ぶか……………49
6　事故による放射性物質拡散への対応上の留意点……………55
7　判断力・批判力を育むために……………60
8　不確実な問題に関する社会的意思決定のために……………67
9　放射線と被ばくの問題を考える際のヒント……………75

解説・補足説明……………86
おわりに……………102
巻末資料……………109
参考文献・資料……………132

装幀・本文レイアウト：守谷義明＋六月舎
組版・作図：Shima.

副読本の編集方針について

　この副読本は、「子どもや一般の人々の公正な判断力の育成」に貢献することを目的として、内容を編集しています。具体的には、

①国の旧・新副読本の問題点を改善する
②"減思力（げんしりょく）"を防ぐためのヒントを掲載する
③公平性にも配慮する

の三つを主な編集方針としています。

　国の旧・新副読本と、主な問題点は表❶の通りです。みなさまも一度、実物をご覧いただければと思います。

表❶　日本の原子力に関する国の副読本と特徴

	旧副読本
発行主体	文部科学省、経済産業省資源エネルギー庁
発行年月	2010 年 2 月
副読本の種類	「わくわく原子力ランド」（小学生用）　　「チャレンジ！原子力ワールド」（中学生用）
主な特徴	●原子力の推進側に偏っている。 ●実際、福島第一原発の事故後に、文部科学大臣自らが「事実と反した記載がある」などと発言して、副読本が回収された。
入手方法の例	国立国会図書館のデジタル・アーカイブ事業で保存されたページで入手可能。

	新副読本
発行主体	文部科学省
発行年月	2011年10月
副読本の種類	「放射線について考えてみよう」(小学生用)　「知ることから始めよう 放射線のいろいろ」(中学生用)　「知っておきたい放射線のこと」(高校生用)
主な特徴	●福島第一原発の事故に関する記述がほとんどない。 ●放射線が身近であることの説明に紙幅の多くが割かれている。 ●被ばくによる健康影響を小さく見せるように書いている。
入手方法の例	文部科学省のウェブサイトで入手可能。小・中学生用を本書巻末に掲載。

　これらの旧・新副読本の問題点を改善するため、私たちの副読本では、第一に福島第一原発の事故の事実と教訓を取り上げ、第二に人工的な放射性物質や放射線は身近にあるべきではない（だからこそ追加の被ばく線量限度や放射線管理区域が設定されている）ことを説明し、第三に低線量被ばくによる健康影響などは完全には解明されていないことを述べました。

　また、"減思力"を防ぐためのヒントとして、原子力に関する国の副読本やコンクール、PA（Public Acceptance）[※1]方策の考え方など、これまで使われてきた手段を理解するための情報を載せました。

そして、「放射能のことを心配し過ぎるほうが、健康によくない」といった、巷でよく耳にする「楽観派」「原発推進派」の見解を取り上げ、そのような見解の論理的・倫理的問題点を指摘しました。

　最後に、国の副読本の公平性のあり方を考えるため、参考としてドイツ政府が作成した原発に関する副読本を紹介しました（84〜85ページ参照）。私たちの副読本は、ドイツの副読本ほどには公平性を確保できていませんが、国の副読本の問題点を改善するという目的からは、ある程度やむをえない面があることはご了解いただければ幸いです。

　私たちの副読本は、読者として、中学生以上の子どもたちから一般の方々まで幅広く考えています。「中学生でも、先生の指導のもとで理解ができる」ことを目標に、できるだけ平易な表現を用いるように心掛けました。中学生以上を対象としたのは、学習指導要領の改正に伴い、約30年ぶりに復活した放射線教育が、2012年4月から中学校理科で開始されたことについて、対応が必要と考えたからです。小学生向けの副読本につきましては、今後の課題と考えています。

　以上のような編集方針をとっておりますので、今後みなさまに批判的検討をしていただく際は、必要に応じて国の旧・新副読本の内容もご参照いただいた上で、ご意見をお寄せいただければ幸いです。

*1　PA……パブリック・アクセプタンス。原子力発電所や空港の建設など、周辺に社会的な影響を与える事柄について、住民の合意を得ること。原子力発電所に関するPAについては、科学技術庁（当時）の委託を受けて日本原子力文化振興財団が1991年にとりまとめた「原子力PA方策の考え方」（68〜69ページ参照）や、同財団が2005年に発行した「ビデオ視聴によるPA効果測定報告書」などの報告書に用いられている。

副読本のポイント

この副読本の内容でとくに重要な点を示します。

人工的な放射線は身近にあるべきではなく、管理されるべき対象です

自然の放射線は身近にありますが、
人工的な放射性物質や放射線は身近にあるべきではなく、
管理されるべき対象です。
人工放射線による無用な
被ばくを防ぐために、
追加の被ばく線量(医療除く)限度や
放射線管理区域が
法律などで定められています。

無用な放射線は浴びないに越したことはありません

放射線は細胞のDNAなどに影響を及ぼすことから、
無用な放射線はできるだけ浴びないように
することが大切です。
とくに、細胞分裂が盛んな子どもや妊婦の方は、
注意が必要です。

低線量被ばくの影響は
完全には解明されていません

累積の被ばく線量 100 ミリシーベルト（mSv）程度以下の、
いわゆる「低線量被ばく」による人体への影響については、
完全には解明されていません。
影響が完全に解明されていない以上、
「正しい怖がり方」というものは論理的に成立しません。

リスクの公平性について
考えましょう

放射線の被ばくによる健康リスクを考える際には、
便益（ベネフィット）や負担の公平性についても
考慮されなければなりません。
放射能に汚染された地域での無用な被ばくには、
便益は伴っておらず、負担にも不公平性があります。

情報を鵜呑みにしない判断力や
批判力を育むことが大切です

いわゆる「原子力の安全神話」は、原発推進側に偏った
教育・広報によってつくられてきました。
二度と同じ過ちをくり返さないためにも、
教育や広報における公平性を確保するとともに、
一人ひとりが判断力や批判力を育むことが大切です。

1 東京電力福島第一原子力発電所の事故

［事故の経緯］

　2011年3月11日に発生した東北地方太平洋沖地震（東日本大震災）によって、福島第一原発で過酷事故が起きました。

　福島第一原発は外部電源を失うとともに、非常用の電気設備やポンプ、燃料タンクなどの設備も損傷したりしたため、原子炉内部や核燃料プールへの送水が不可能となり、冷却できなくなりました。その結果、1～3号機で核燃料の溶融（メルトダウン）が発生し、水素によるものと考えられる

図❶　爆発後の福島第一原発
（東京電力撮影）

爆発が起こって、圧力容器、格納容器、タービン建屋などの多大な損壊を伴う甚大な原発事故となりました（図❶）。

この事故により、大量の放射性物質が外部に放出されました。当時の原子力安全・保安院[*2]による2011年6月の発表では、事故発生後の数日間で大気中に放出された放射性物質の総量は77万テラベクレル[*3]であり、この深刻さは、国際原子力事象評価尺度（INES）[*4]において、1986年のチェルノブイリ原発事故[*5]と並ぶ、最悪のレベル7となりました。

放出された放射性物質により、福島県を中心とする広い地域の大気や水、土壌などが汚染されてしまいました。

その後、日本政府は、2011年12月に、原子炉が安定した「冷温停止状態」になったとして、「発電所の事故そのものは収束した」とする事故収束宣言を出しましたが、未だに原子炉の中の様子も把握できていない状態です。現在でも、量は減ったものの、放射性物質の放出と汚染は毎日続いています。

[*2] 原子力安全・保安院……経済産業省・資源エネルギー庁に置かれた原子力の安全及び産業保安の確保を図るための機関。原子力発電の規制をになう役割も持っていたが、原子力を推進する立場の経済産業省・資源エネルギー庁におかれており、規制担当機関としての独立性について問題視されたため、福島第一原発事故後の2012年9月19日に廃止され、環境省・原子力規制委員会へ移行した。

[*3] テラベクレル……兆ベクレル。ベクレルは放射線を出す能力の強さ、テラは1兆倍。

[*4] 国際原子力事象評価尺度（INES）……原子力事故・故障の深刻度を示す国際指標。レベル0から7までの8段階で評価されている。最悪のレベル7は、放射性物質の重大な外部放出があるもので、数万テラベクレル以上の場合に該当する。

[*5] チェルノブイリ原発事故……1986年4月26日に旧ソ連（現・ウクライナ）のチェルノブイリ原発4号機で起きた原子炉爆発事故。

［放射能汚染の状況］

　放出された放射性物質の多くは東の海域方向に流れましたが、風向きの変化によって西の陸域方向にも流れ、とくに北西方向が高濃度に汚染されました（図❷）。

　北西方向の汚染は、文部科学省の緊急時迅速放射能影響予測ネットワークシステム（SPEEDI）[*6]による試算でも予測されていましたが、データは2011年3月23日まで公表されませんでした。その結果、福島県や関東地域の人々が無用な被ばくやその危険にさらされました。

　当時の菅内閣は、推測に基づいて作成した予測結果を公表すれば「不必要な混乱」を招く可能性があったと説明しましたが、事故直後の3月14日には、文部科学省が外務省を通じてアメリカ軍にSPEEDIの試算結果を提供していたことが明らかになっています。また、福島県も3月13日にはSPEEDIの試算結果を入手していましたが、福島県民には公表されませんでした。

＊6　緊急時迅速放射能影響予測ネットワークシステム（SPEEDI）……原子力施設の緊急時において、気象条件や地形情報などから放射性物質の環境への拡散を地理的・数値的に予測するシステム。文部科学省・原子力安全技術センターが運営。これまでの開発に約116億円が使われたとされる。

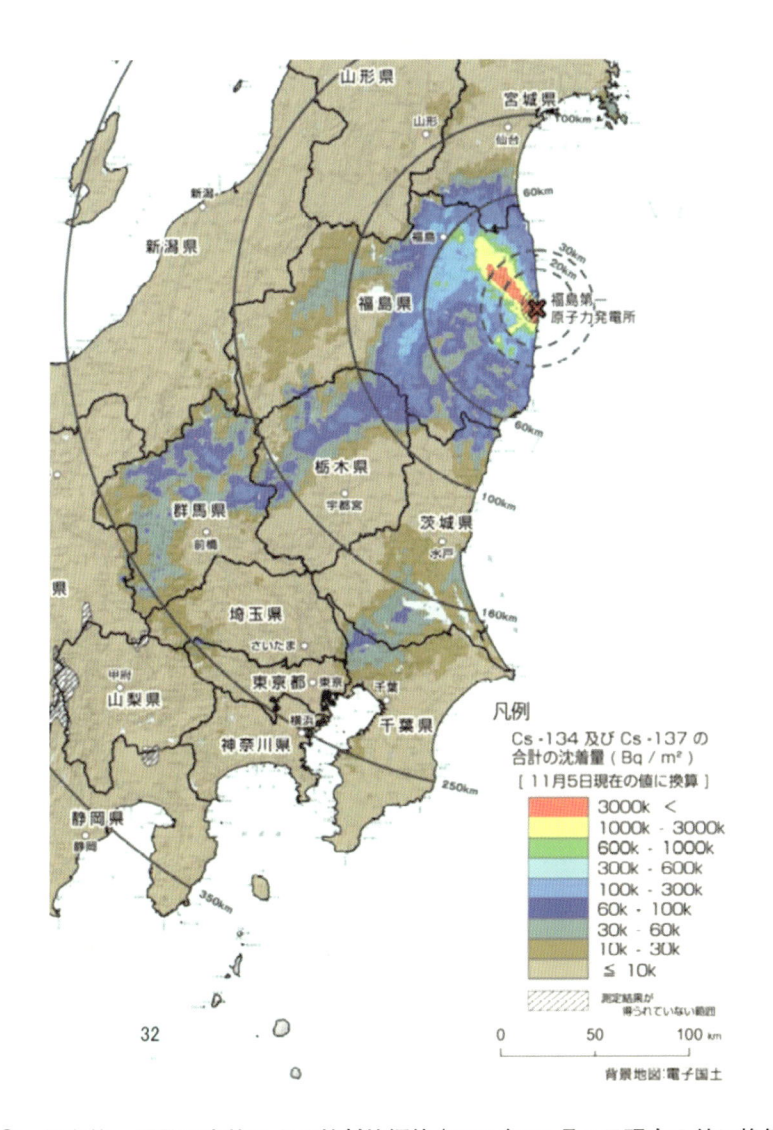

図❷ 福島第一原発の事故による放射能汚染（2011年11月5日現在の値に換算）
セシウム134と137の合計の沈着量。40k（Bq／平方メートル）以上は放射線管理区域に相当。（出典：文部科学省ウェブサイト）

［福島第一原発の事故による被害］

　福島第一原発の事故によって、とくに福島県は甚大な被害を受けました。その影響は、あらゆる面に及んでいます。

　身体的健康面では、放射線による無用な被ばくや日常的行動（呼吸、洗濯など）の制約を受けました。精神的健康面では、放射線への不安によるストレスや自殺者が増加しました。

　社会面では、考え方の違いによる無用な対立や実際の避難がもとで、家族や友人関係、コミュニティが分断されるとともに、ふるさとの喪失、差別の誘発などが起きました。

　産業面でも、農業における農産物の生産や出荷の制限、製造業における売り上げの減少、サービス業における観光客の激減などが起きています。産業面での経済的被害は「風評被害」とも呼ばれたりしま

図❸　大熊町の双葉病院の患者が避難中に相次いで亡くなったことを報じる記事（『福島民友』2011年10月31日）

すが、必ずしも適切ではありません。放射線による健康影響が完全には解明されておらず、また、検査体制が不十分で汚染状況を消費者が十分把握できない状況では、可能な範囲でリスクを回避しようとする消費者の行動には一定の合理性があります。そのようなときに生じた経済的被害は「風評被害」ではなく、「放射能汚染の実害」です。

「福島第一原発事故による死者は出ていない」との意見を述べる人もいますが、実際、福島・双葉地域の病院では、原発事故による避難の影響で、入院していた老人数十名が亡くなりました（図❸）。また、放射能汚染による被害を苦にして自殺に追い込まれた方が、原発事故後、半年の間に少なくとも5人は報道されました（Box 1参照）。これらの人は、原発事故がなければそのときに死なずにすんだ人ばかりであり、「原発事故によって殺された」犠牲者と考えるべきです。

Box1
原発事故により自殺に追い込まれた方の例

■**相馬市の酪農家の男性（55歳）**
30頭ほどの乳牛を飼育していたが、放射能汚染による牛乳の出荷制限がかかり、毎日牛乳を搾っては廃棄する作業を続けていた。遺体近くの壁にチョークで「原発がなければ」、「残った酪農家は原発に負けないで」などと書かれていた。

■**南相馬市の女性（93歳）**
遺書には、「またひなんするやうになったら老人はあしでまといになるから」、「毎日原発のことばかりでいきたここちしません　こうするよりしかたありません　さようなら　私はお墓にひなんします　ごめんなさい」などと書かれていた。

[子どもたちへの影響]

　子どもたちへの影響も深刻です。放射性物質の付着や吸引を防ぐため、外出する際にマスクや長袖長ズボンの着用を余儀なくされ、体育などの屋外活動も制限されました。

　家族の避難方法の違いにより、友だちと離ればなれになる子もいます。福島県から他の都道府県へ避難した子どもが「放射能がうつるから怖い」と差別や偏見を持たれるケースも報告されました。

　子どもたちを被ばくから優先的に守るため、学校をはじめとして、通学路

図❹　地域での除染作業（2011年8月）
　　　放射性物質の"移染"を防ぐため、散水ではなく、のりを用いた除染の様子。

や住宅など、地域での除染作業も行われていますが（図❹）、放射性物質を完全に取り除くことは極めて困難で、空間の放射線量も思うようには減少していません。

　2011年の七夕では、「ブランコ、ジャングルジム、すべりだいで、いっぱいあそべますように」など、原発事故がなければごく当たり前にかなえられるはずの願い事が飾られていました。原発事故から1年以上経ても、福島県内に住む子どもたちからは、「おもいっきりあそびたい」「野菜や果物を安心して食べたい」などの声が聞かれました（図❺）。

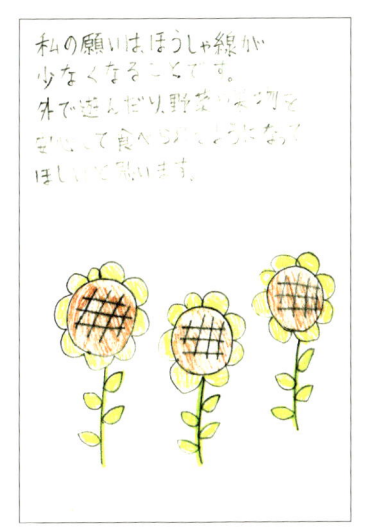

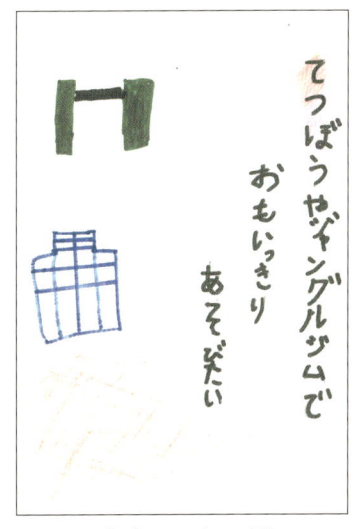

図❺　福島に住む子どもたちからのメッセージ（2012年5月）
（出典：ふくしま子ども未来プロジェクト）

2 放射線について

［放射線とは］

　放射線は、不安定な原子核から放たれるもので、大きく二つの種類に分けられます。高速の粒子の放射線であるアルファ（α）線、ベータ（β）線、中性子線と、波長が短い電磁波（光）の放射線ガンマ（γ）線です。放射線は人間の目には見えず、においもないため、放射線を浴びても人間は感知することができません。放射線を出す物質を「放射性物質」、放射線を出す能力を「放射能」と言います。

　放射線は、どれも高いエネルギーを有しており、物質を透過する能力を持っています。その能力は放射線の種類によって異なります。

　アルファ線は、陽子2個と中性子2個から構成された原子核の流れで、電荷を持っていて物質に吸収されやすいので貫通力は小さく、紙1枚で止まりますが、質量が大きく高いエネルギーを持っています。

　ベータ線は、高速の負の電荷を持つ電子で、止めるにはアルミニウムなどの薄い金属板が必要です。

　ガンマ線は、光よりも波長の短い高エネルギーの電磁波で、貫通力が強く、外部被ばくの主な要因となります。止めるには鉛の板で10cm、コンクリートで50cm程度の厚さが必要です。

　中性子線は、電荷を持たない粒子で、強い貫通力を持つため、水や厚いコンクリートでないと止められません。

　飛距離が長く、貫通力が高いのはガンマ線や中性子線ですが、飛距離

が短いアルファ線やベータ線も、大きい質量や電荷のために、高い破壊力があります。

　放射性物質・放射能・放射線の関係について、国の新副読本では、電球を例えとして図❻のように説明されていますが、被ばくの問題を考える際には必ずしも適切とは言えません。人体を貫く能力を持つのが放射線であり、その過程で細胞にダメージを与えるのです。ガンマ線や中性子線を体外から浴びる場合は、図❼のように表すことができます。

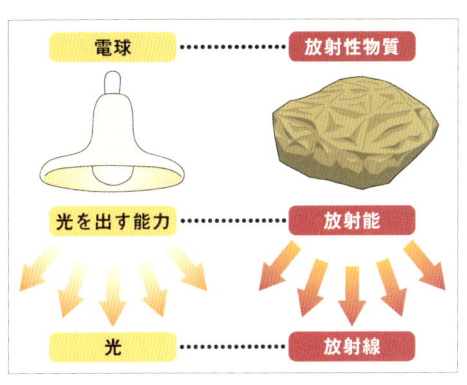

図❻　放射性物質・放射能・放射線の説明図

（出典：「知ることから始めよう　放射線のいろいろ」文部科学省、2011、p.9）

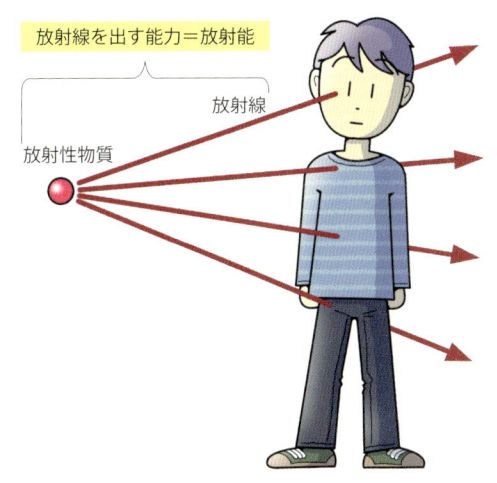

図❼　貫通力の高いガンマ線、中性子線を発する場合の放射性物質・放射能・放射線の説明図

2　放射線について

［放射能・放射線の単位］

　放射性物質が放射線を出す能力（放射能の強さ）を表す単位を「ベクレル（Bq）」と言い、1秒間に原子核が壊変[*7]する数で表します。放射線から物質（人体）が吸収したエネルギーを表す単位を「グレイ（Gy）」と言い、1グレイは1kgの物質（人体）が1ジュール（J）[*8]のエネルギーを吸収した量です。人体が受けた放射線による影響の度合いを、放射線の種類や放射線を受ける身体の部位などを考慮して表す単位を「シーベルト（Sv）」と言います（図❽）。シーベルトとグレイは、「シーベルトの値＝グレイの値×放射線荷重係数[*9]×組織荷重係数[*10]」という関係になっています。

---

*7　壊変……崩壊（ほうかい）。不安定な原子核が放射線を放出することにより、別の原子核または安定した状態の原子核に変化すること。

*8　1ジュール（J）……仕事やエネルギーの国際単位系（SI）の単位。大きさ1N（ニュートン）の力がその力の向きに物体を1メートル動かすときになす仕事が1Jで、熱量では約0.239カロリー（cal）。1Jは標準大気圧（1気圧）で20℃の水1グラムを約0.24℃上昇させるエネルギーに相当。

*9　放射線荷重係数……放射線の違いによる身体への影響について、同じ尺度で評価するために設定された係数のこと。放射線の種類によって値が異なり、エックス線、ガンマ線、ベータ線は1、アルファ線は20、中性子線はエネルギーによって5から20までの値をとる。

*10　組織荷重係数……身体の組織や臓器により異なる放射線の影響度（放射線感受性）の指標となる係数のこと。各個人の組織・臓器の係数の和は1となる。

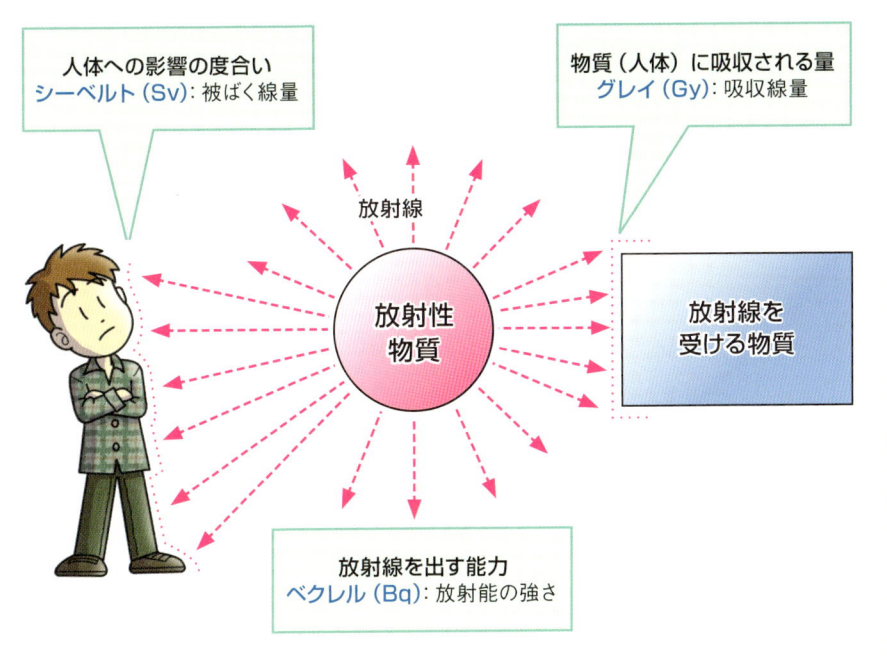

人体への影響の度合い
シーベルト(Sv)：被ばく線量

物質（人体）に吸収される量
グレイ(Gy)：吸収線量

放射線

放射性物質

放射線を受ける物質

放射線を出す能力
ベクレル(Bq)：放射能の強さ

図❽　放射能の単位

2　放射線について

［外部被ばくと内部被ばく］

　放射線を身体に浴びることを「被ばく」と言います。原子爆弾や水素爆弾による放射線を浴びる場合は「被爆」、その他の放射線を浴びる場合は「被曝」と区別することもあります。

　放射性物質が身体の外部にあり、体外から被ばくすることを「外部被ばく」と言います。一方、放射性物質を体内に取り込んでしまった場合に、体内から被ばくすることを「内部被ばく」と言います。被ばくの問題は、外部被ばくと内部被ばくをともに考える必要があります（図❾）。

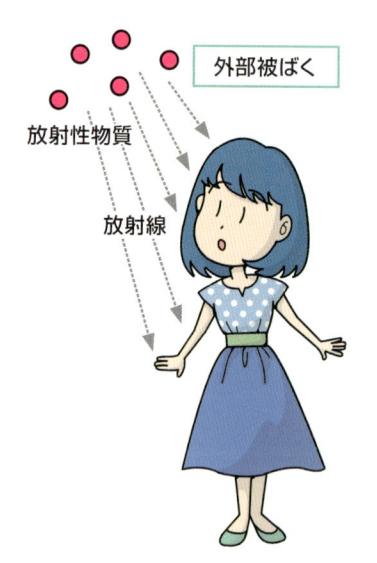

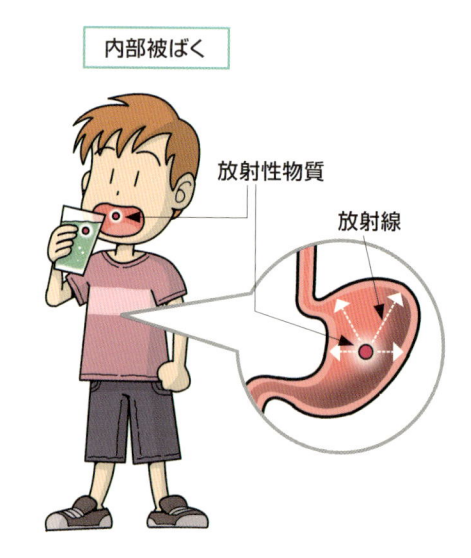

図❾　外部被ばくと内部被ばく

[自然の放射線と人工の放射線]

　自然界にも放射線を出すものはあります。国の新副読本にも記載されている通り、宇宙から降り注ぐ宇宙線や空気中に含まれるラドン、岩石の中の花崗岩（かこうがん）、食べ物に含まれるカリウムなどです。これらは、身のまわりにある放射性物質や放射線と言えます。

　世界平均で、年間一人当たり約 2.4 ミリシーベルト（mSv）（内部被ばくを含む）の自然放射線量を浴びていると言われています。日本における平均の自然放射線量は世界平均よりも少なく、年間一人当たり約 1.5 ミリシーベルト（内部被ばくを含む）とされます。

　しかし、これらはあくまで自然に浴びる放射線であり、その扱いは人工的な放射性物質や放射線とは区別されなければなりません。原発での核分裂生成物などの人工的な放射性物質や放射線は、管理されるべき対象です。だからこそ、医療を除く追加の被ばく線量の限度や放射線管理区域[*11]が法律などで定められています（40～42ページ参照）。

　日本で自然界から受ける空間の放射線量は、高い地域でも1時間当たり 0.06 マイクロシーベルト（μSv）（年間約 0.5 ミリシーベルト）程度です（図❿）。仮に、原発事故などにより放射性物質が漏れ出して、空間の放射線量が1時間当たり 3.8 マイクロシーベルト[*12]になった場合には、自然の状態と比べて約 63 倍の放射線を外部被ばくすることになります。

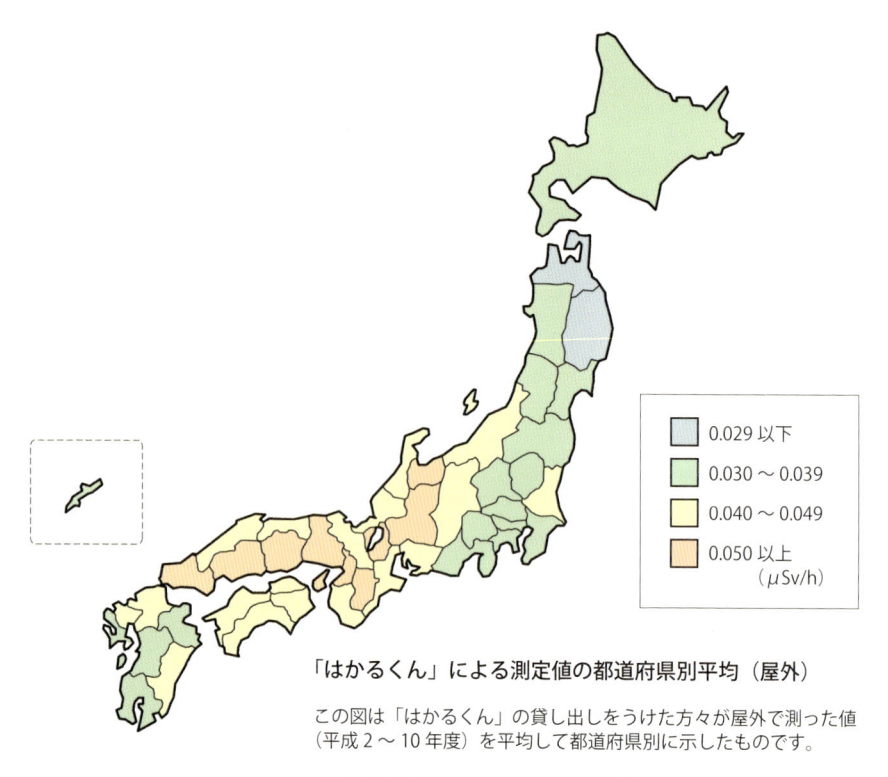

凡例:
- 0.029 以下
- 0.030 〜 0.039
- 0.040 〜 0.049
- 0.050 以上
（μSv/h）

「はかるくん」による測定値の都道府県別平均（屋外）

この図は「はかるくん」の貸し出しをうけた方々が屋外で測った値（平成2〜10年度）を平均して都道府県別に示したものです。

単位はμSv/h（マイクロシーベルト／時）

図⓾　日本における自然の放射線量
（出典：文部科学省委託事業「はかるくんweb」のサイト）

* 11　放射線管理区域……40ページ参照。放射線被ばくを防ぐために人の不必要な立ち入りを防止するための区域。放射性同位元素などによる放射線障害の防止に関する法律・施行規則第1条第1号や労働安全衛生法・電離放射線障害防止規則などで規定されている。

* 12　3.8マイクロシーベルト……福島第一原発の事故後に引き上げられた基準。1日のうち16時間を屋内（木造）で、8時間を屋外で過ごすと想定した場合に、年間約20ミリシーベルトの外部被ばくとなる値。

[放射線のエネルギー]

　放射線は原子核の変化に伴って放出されるので、すべての物質の元になっている分子の結合エネルギーに[*13]比べると、とても高いエネルギーをもっています。分子結合のエネルギーは一般に数エレクトロンボルト（eV）[*14]ですが、レントゲンに使われるX線は10万エレクトロンボルト、福島第一原発の事故でも多く放出されたセシウム137のガンマ線は66.1万エレクトロンボルト、原発のMOX燃料[*15]などにも使われるプルトニウム239[*16]のアルファ線は510万エレクトロンボルトです（表❷）。放射線がこれだけの高いエネルギーをもっているので、細胞内で吸収されれば、DNAなどの分子の結合をやすやすと破壊してしまいます。

表❷　分子結合および放射線のエネルギー

エネルギーの種類	エネルギー量
分子結合のエネルギー	数 eV
X 線	〜10万 eV
セシウム137のガンマ線	66.1万 eV
プルトニウム239のアルファ線	510万 eV

*13　分子の結合エネルギー……分子をその構成粒子に分離するのに必要なエネルギー。値が大きいほど結合の度合は強い。
*14　エレクトロンボルト（eV）……電子ボルト。エネルギーの単位で、1Vの電位差で電子を加速するときに電子が得る運動エネルギーのこと。

* 15　MOX 燃料……使用済み核燃料を再処理して取り出したプルトニウムと、ウラン（核分裂しにくいウラン 238 がほとんど）を混ぜてつくったウラン・プルトニウム混合酸化物（Mixed OXide）の燃料のこと。福島第一原発 3 号炉でも使用されていた。
* 16　プルトニウム 239……質量数 239 のプルトニウム。原子炉中でウラン 238 が中性子を吸収しベータ崩壊して生成される。半減期 2 万 4110 年。原子爆弾・水素爆弾・原子炉の燃料に用いられる。1945 年 8 月 9 日に長崎に投下された原子爆弾にもプルトニウムが用いられた。

［放射性物質の半減期］

　不安定な原子核は放射線を出すと最終的には放射線を出さない安定な原子核に変化します。そのため、放射性物質の量は時間が経つにつれて次第に減っていきます。減り方には規則性があります。半減期という各々の物質に固有の時間の長さがあり、半減期だけの時間が経過するごとに放射性物質の量は半分になります。

　例えば、放射性セシウム137の半減期は約30年です。これは、30年経っても量は半分にしかならず、4分の1になるのに60年、8分の1になるのに90年かかることを意味します。また、何年経っても出てくる個々の放射線のエネルギーは変わらず高いままです。

　プルトニウム239の半減期は、約2万4000年あります。国の新副読本には、放射性物質と放射線の半減期に関する表が掲載されていますが、MOX燃料などに使われているプルトニウム239はその表には掲載されていません（表❸）。

表❸　新副読本における放射性物質・放射線・半減期の表（プルトニウム239が掲載されていない）

放射性物質	放出される放射線※	半減期
トリウム232	α、β、γ	141億年
ウラン238	α、β、γ	45億年
カリウム40	β、γ	13億年
炭素14	β	5730年
セシウム137	β、γ	30年
ストロンチウム90	β	28.7年
コバルト60	β、γ	5.3年
セシウム134	β、γ	2.1年
ヨウ素131	β、γ	8日
ラドン220	α、γ	55.6秒

※壊変生成物（原子核が放射線を出して別の原子核になったもの）からの放射線を含む。

（出典：「知ることから始めよう　放射線のいろいろ」文部科学省、2011、p.10）

［内部被ばくの危険性］

　体内に入った放射性物質による内部被ばくの危険性を評価するためには、取り込んだ放射性物質が体の中でどのように振る舞うかを知る必要があります。例えば、放射性ヨウ素は甲状腺に蓄積され甲状腺がんなどを誘発す

ることが知られています。放射性ストロンチウムは骨に蓄積され、長年にわたって内部被ばくを引き起こす可能性があるとされています。人類が核反応を起こすまでは自然界に存在しなかった放射性セシウムは、体内でどのような影響を起こすかについての完全な理解は未だにありません。

また、アルファ線はもともとエネルギーが高い上に、生体分子にとくに強い影響を与えることが知られています（国際放射線防護委員会[*17]では、アルファ線の被ばくの影響を考える際には、エネルギーをさらに20倍することを決めています）。

アルファ線を発するプルトニウム239を体内に取り込んだ場合、より大きな影響を受けるとともに、放射線の飛距離が短いため、体外から検知できないという問題があります。

[*17] 国際放射線防護委員会……ICRP(International Commission on Radiological Protection)。放射線から人や環境を守るしくみを、専門家の立場で勧告する国際学術組織。

3 放射線による人体への影響

［被ばく線量と人体への影響］

　放射線による人体への影響は、被ばく線量が増えるほど大きくなります。1945年8月に広島と長崎に落とされた原子爆弾により、爆風や熱線に加え、多くの方々が放射線被ばくによる健康影響を受けました。

　放射線を被ばくすると、高いエネルギーをもった放射線により細胞内のDNAが破壊される場合があります。DNAが破壊されると、正常な細胞分裂が行われなくなります。放射線の影響が、子どもや妊婦にとってより大きくなる理由もここにあります。つまり、成長が盛んな子どもや、母親の胎内で細胞分裂を活発に行う胎児は、放射線による細胞へのダメージが大きくなってしまうのです。

　一定量以上の放射線を受けて、脱毛や白内障などの急性症状が現れてしまう被ばくは、一般に「高線量被ばく」と呼ばれます。その線量を超えると急性症状が現れるとされる値は「しきい値」と呼ばれます。1シーベルト程度の被ばくで吐き気をもよおし、7シーベルト程度以上を浴びると人は死んでしまいます。

　一方、急性症状が現れない程度の被ばくは、一般に「低線量被ばく」と呼ばれます。被ばく量が少なければDNAの多くは修復されますが、完全に修復されなかった細胞が、後にがん細胞などに変わることがあります。被ばく量の増加によって、がんや白血病を発症する確率が上がることが知られています。

国の新副読本では図⓫のように説明されていますが、この図には、死亡するレベルや、後述する放射線管理区域の基準値などは記載されていません。また、新副読本の中では、子どもの方が放射線による被ばくの影響が大きいという、もっとも重要な事項の一つが、説明されていません。

6〜7Sv／回
人が死亡するレベル

20mSv／年
福島の避難基準

5mSv／年
放射線管理区域[*19]

1mSv／年
一般公衆の
年間線量限度

一般の人は、日本の法が定める
追加被ばく線量限度である
年間1mSvの基準が達成される環境で
生活する権利がある。

図⓫　人体への放射線の影響――新副読本の図に死亡のレベルなどの説明を追加した図
（出典：「知ることから始めよう　放射線のいろいろ」文部科学省、2011、p.15）

◆身の回りの放射線被ばく

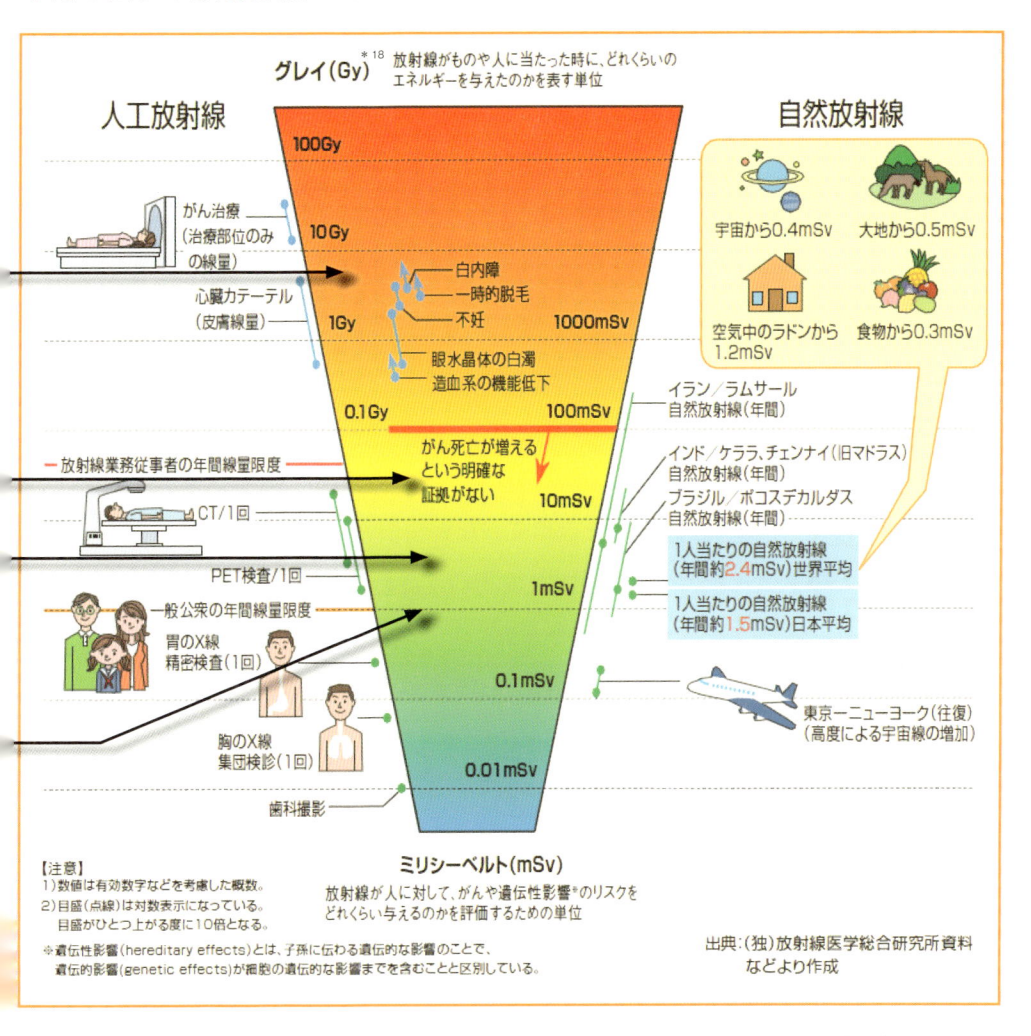

人工放射線

- がん治療（治療部位のみの線量）
- 心臓カテーテル（皮膚線量）
- 放射線業務従事者の年間線量限度
- CT／1回
- PET検査／1回
- 一般公衆の年間線量限度
- 胃のX線精密検査（1回）
- 胸のX線集団検診（1回）
- 歯科撮影

グレイ(Gy) [*18] 放射線がものや人に当たった時に、どれくらいのエネルギーを与えたのかを表す単位

- 100Gy
- 10Gy
- 1Gy ── 白内障／一時的脱毛／不妊
- 0.1Gy ── 眼水晶体の白濁／造血系の機能低下
- 1000mSv
- 100mSv ── がん死亡が増えるという明確な証拠がない
- 10mSv
- 1mSv
- 0.1mSv
- 0.01mSv

ミリシーベルト(mSv)
放射線が人に対して、がんや遺伝性影響*のリスクをどれくらい与えるのかを評価するための単位

自然放射線

- 宇宙から0.4mSv
- 大地から0.5mSv
- 空気中のラドンから1.2mSv
- 食物から0.3mSv

- イラン／ラムサール 自然放射線（年間）
- インド／ケララ、チェンナイ（旧マドラス）自然放射線（年間）
- ブラジル／ポコスデカルダス 自然放射線（年間）
- 1人当たりの自然放射線（年間約**2.4mSv**）世界平均
- 1人当たりの自然放射線（年間約**1.5mSv**）日本平均
- 東京ーニューヨーク（往復）（高度による宇宙線の増加）

【注意】
1) 数値は有効数字などを考慮した概数。
2) 目盛（点線）は対数表示になっている。目盛がひとつ上がる度に10倍となる。

✧遺伝性影響（hereditary effects）とは、子孫に伝わる遺伝的な影響のことで、遺伝的影響（genetic effects）が細胞の遺伝的な影響までを含むことと区別している。

出典：(独)放射線医学総合研究所資料などより作成

- *18 グレイとシーベルト……人工放射線の側の単位はグレイ（Gy）が使われているが、ガンマ線、エックス線の場合は1シーベルト（Sv）＝1グレイ（Gy）と換算できる。
- *19 放射線管理区域……年間5ミリシーベルトを基準とする考え方のもと、3カ月で1.3ミリシーベルトとされている。これを単純に1年に換算しなおした場合は5.2ミリシーベルトとなる。

［高線量被ばくによる人体への影響］

　原爆や水爆とは別の原因による高線量被ばくによって、犠牲者が出てしまった例もあります。

　1999年9月30日に、茨城県那珂郡東海村の株式会社JCOの東海事業所・転換試験棟で、核燃料の製造中に臨界事故が発生し、大量の中性子線などで被ばくして、O氏（当時35歳）とS氏（当時40歳）の2名が亡くなりました。この事故は、いわゆる「原子力の平和利用」の名のもとでも、日本で起きてしまった高線量被ばくによる死亡事故であり、放射線が人体にどのような悪影響を及ぼすかを克明に示した事故です。私たちは、この事故と真摯に向き合い、放射線による人体への影響を理解しなければなりません。

　JCO臨界事故で亡くなった2名の被ばく量は、推定でO氏が16～20シーベルト以上、S氏が6～10シーベルトでした。このときに核分裂したウラン燃料はわずか1ミリグラムとされています。彼らには、このような危険性について、会社側からは知らされていませんでした。

　被ばくの影響を受けやすい身体の部位は、皮膚や骨髄細胞、腸の粘膜など、細胞分裂が活発なところです。細胞の中には、DNAが入っている染色体があります。人には通常、23組の染色体があり、1～22番と女性のX、男性のYと番号が決められていて、順番に並べることができます。しかし、O氏の染色体は、放射線によってばらばらに断ち切られていました（図

⓬)。別の染色体とくっついているものもあり、どれが何番の染色体なのか、同定[*20]できない状態でした。

　このように、生命の設計図とでもいうべきDNAが含まれる染色体をばらばらに破壊するだけのエネルギーをもっているのが放射線です。その結果、白血球などがつくられなくなったり、皮膚の細胞が再生できなくなったりしてしまいました。

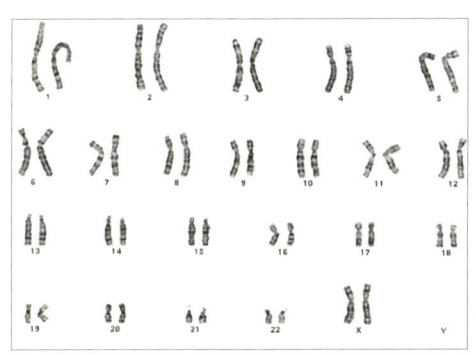

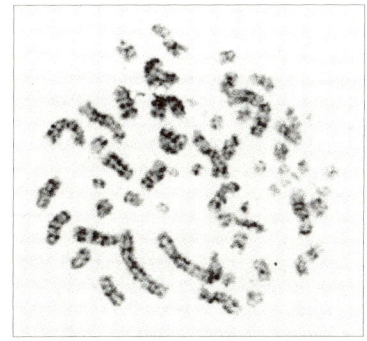

図⓬　左は正常な染色体の顕微鏡写真（順番に並べたもの）。右は高線量被ばくにより、ばらばらに破壊されたO氏の染色体の顕微鏡写真（腸骨の骨髄細胞、被ばく4日目）
（出典：右写真『朽ちていった命』NHK「東海村臨界事故」取材班、2006）

図⓭はO氏の右手の写真です。被ばく8日目ではわずかに腫れただけのように見える皮膚が、26日目にはひどくただれてしまっています。治療のため、皮膚の移植手術なども行われましたが、破壊された細胞の上に皮膚が正着[*21]することはありませんでした。

　原子力施設で過酷事故が起こった場合、このように、細胞のDNAレベルから根本的に破壊される高線量被ばくが起きてしまう可能性があることを、私たちは認識しておかなければなりません。

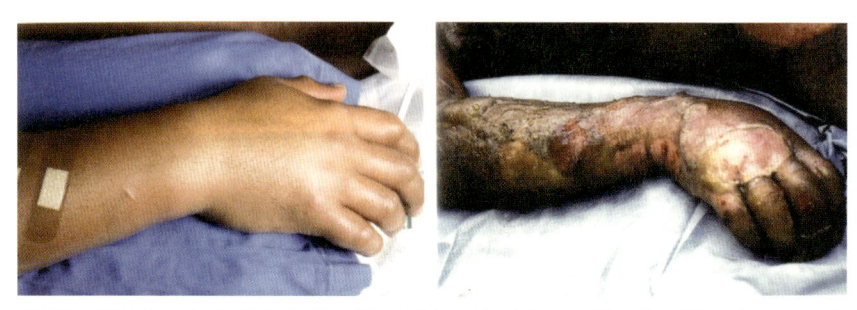

図⓭　被ばくしたO氏の右手の様子（左：被ばく8日目、右：被ばく26日目）
（出典：『朽ちていった命』NHK「東海村臨界事故」取材班、2006）

＊20　同定……同一であると見きわめること。
＊21　正着……移植された細胞が、身体の一部として生きて機能し続けること。

[低線量被ばくによる人体への影響]

　低線量被ばくにおいても、放射線が細胞のDNAレベルで作用するという点は共通します。一般に、累積で100ミリシーベルト以下の被ばく量については、図⓫の中にも書かれているように、「がん死亡が増えるという明確な証拠がない」とされます。

　しかし、疫学調査[*22]で有意な結果が出ないということは、実際に影響がないことを意味するわけではありません。これまでの調査の規模では影響が見えていないだけで、より大規模な調査により影響がわかる可能性もあります。

　累積100ミリシーベルト以下の低線量被ばくについては、安全と考える立場から、小さくてもリスクはあるとする立場まで捉え方に幅があります。国際放射線防護委員会（ICRP）の他、アメリカ科学アカデミー電離放射線の生物影響に関する委員会（BEIR）や国連科学委員会（UNSCEAR）は、低線量でも被ばく線量とリスクは比例すると仮定した「線形しきい値なし（LNT：Linear Non-Threshold）」モデルを支持しています（図⓮）。つまり、これらの国際的な組織で合意されている考え方では、「低線量であっても被ばくしただけリスクが増える」のであり、「ある線量以下であれば安全である」というものとは異なっています。

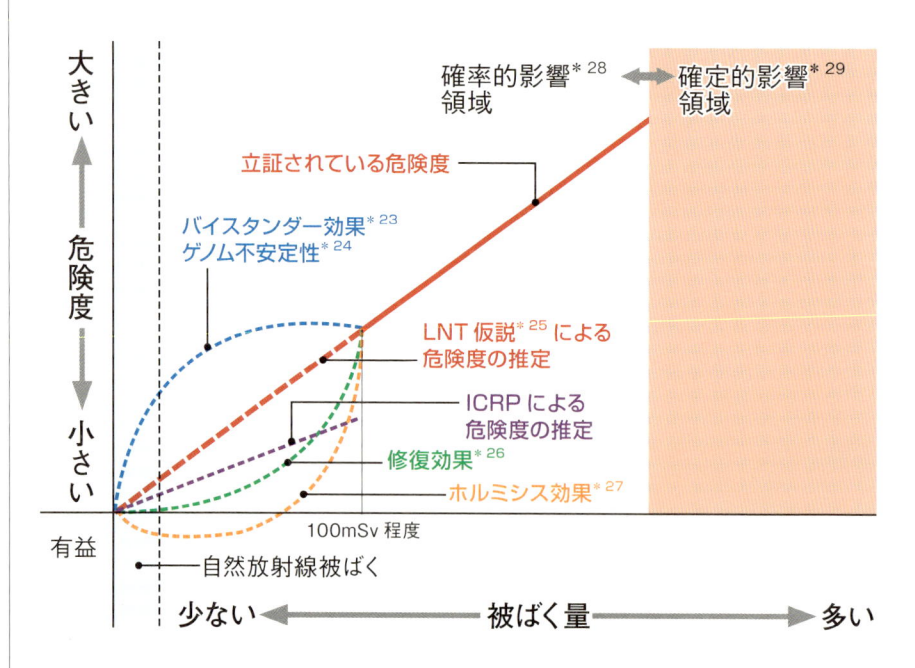

図中ラベル:
- 大きい ← 危険度 → 小さい
- 有益
- 確率的影響[28]領域
- 確定的影響[29]領域
- 立証されている危険度
- バイスタンダー効果[23]
- ゲノム不安定性[24]
- LNT仮説[25]による危険度の推定
- ICRPによる危険度の推定
- 修復効果[26]
- ホルミシス効果[27]
- 100mSv程度
- 自然放射線被ばく
- 少ない ← 被ばく量 → 多い

図⓮ 被ばく量と危険度の関係に関する考え方
(『原発のウソ』小出裕章、2011などを参考に作成)

* 22 疫学調査……地域や集団を調査し、病気の原因と考えられる要因と病気の発生の関連性について、統計的に調査すること。例えば、喫煙によって肺がんになる危険性について、喫煙者と非喫煙者の肺がん発生率を比較することで、有意な差があるかどうかや、その差は何倍になるかなどを調査した例が知られる。
* 23 (図⓮) バイスタンダー効果……被ばくした細胞から被ばくしなかった周辺の細胞に遠隔的に被ばく情報が伝えられて、影響が生じる現象のこと。バイスタンダーとは傍観者 (bystander) の意味。
* 24 (図⓮) ゲノム不安定性……被ばくの損傷を乗り越えて生き残った細胞集団に「遺伝子(ゲ

ノム）不安定性」が誘導され、長期間にわたって様々な遺伝的な変化が高い頻度で生じ続ける現象のこと。
* 25　（図⓮）LNT 仮説……しきい値なし直線仮説。放射線の被ばく線量と影響の間には、しきい値がなく直線的な関係が成り立つという考え方。
* 26　（図⓮）修復効果……細胞や細胞集団の防御機構によって、低線量の被ばくによる損傷が治される現象のこと。
* 27　（図⓮）ホルミシス効果……高線量を浴びると生物に有害な放射性物質が、低線量であれば抵抗力を高めるなど生物に有益な作用をもたらす現象のこと。
* 28　（図⓮）確率的影響……被ばくによる影響について、被ばく線量にしきい値がないと考え、被ばくした線量が大きくなるほど発生する確率が大きくなる影響のこと。がんや遺伝性影響が該当するとされる。確率的影響・確定的影響の区分については、新副読本の解説編【教師用】にも掲載されている。
* 29　（図⓮）確定的影響……被ばくによる影響について、被ばく線量にしきい値があると考え、それを超えた場合に発生する影響のこと。嘔吐、皮膚障害、白内障、組織障害、個体死などが該当するとされる。確率的影響・確定的影響の区分については、新副読本の解説編【教師用】にも掲載されている。一方、ICRP は「被ばくのリスクは低線量にいたるまで直線的に存在し続け、しきい値はない」としている。「しきい値」があるとする考え方を否定する立場の科学者もいる。このような状況を踏まえ、図⓮では、新副読本の解説編【教師用】でも掲載されている確率的影響と確定的影響を分ける考え方について、一つの立場の見方として掲載した。

4 法律などによる放射性物質や放射線の管理

［放射性物質や放射線の管理］

　人工的な放射線による無用な被ばくを防ぐために、追加の被ばく線量（医療除く）限度や放射線管理区域が法律などで定められています。人工的な放射性物質や放射線は管理されるべき対象であることを理解しておく必要があります。

　放射線管理区域は、放射線量が一定以上ある場所を明確に区別し、人の不必要な立ち入りを防止するための区域として定められているものです。その基準は、年間5ミリシーベルトを上限とする考え方のもとに、3カ月で1.3ミリシーベルトとなっています。

　放射線管理区域では、図⓯に示すような標識を明示することが義務づけられています。みなさんも、レントゲン室などで見たことがあるかもしれません。また、放射線管理区域では、人が住むことはもちろん、飲食することや、放射性物質を持ち出すこと、18歳未満の人が作業することなども禁じられています。

図⓯　放射線管理区域の標識

［一般の人々の追加被ばく線量の基準］

　福島第一原発の事故が起きる前は、日本における一般公衆の追加の被ばく線量（医療除く）限度は年間1ミリシーベルトと定められていました。これが事故後に年間20ミリシーベルトという、放射線管理区域を上回るレベルに引き上げられ、被ばくの影響を受けやすい子どもにも同じ基準が適用されたため、国内外から多くの批判を浴びました（Box 2 参照）。

　そのため、文部科学省は、学校で受ける線量を当面年間1ミリシーベルト以下とするように方針を改めました。しかし、これは学校だけの数値で、

Box2

年間20ミリシーベルトへの基準値引き上げに関する批判の例

アメリカの社会的責任のための医師団（PSR：Physicians for Social Responsibility、1985年にノーベル平和賞受賞）は、日本政府が採った年間20mSvの基準に対して、2011年4月29日に次のような声明を発表しました。

「放射線に安全なレベルは存在しない、ということは、BEIR VII報告書において結論づけられ、医学・科学界において広く合意が得られています。自然放射線を含めた被ばくは、いかなる量であっても発がんリスクを高めます。（中略）子どもへの放射線許容量を20ミリシーベルトへと引き上げるのは法外なことです。このレベルでの被ばくが2年間続く場合、子どもへのリスクは100人に1人となるのです。つまり、このレベルでの被ばくを子ども達にとって"安全"と見なすことはまったくできません。」

他の日常生活で受ける放射線量は含まれていないなど、未だ問題を抱えています。

　年間20ミリシーベルトという値は、国際放射線防護委員会（ICRP）の2007年勧告における「緊急時被ばく状況」の参考レベル「年間20～100ミリシーベルト」において、もっとも厳しい値として設定したと説明されています。しかし、ICRP（2009）の「原子力事故または放射線緊急事態後の長期汚染地域に居住する人々の防護に対する委員会勧告の適用」（Publication 111）では、事故が収束した後の「現存被ばく状況」においては、「1～20ミリシーベルトの下方部分から選定すべき」と書かれています。日本政府は、2011年12月に「事故収束宣言」を出しましたが、2013年2月現在においても、基準値の再設定は行われていません。

　福島第一原発の事故前における2009年度の実績値では、日本の原子力施設における放射線業務従事者の総数75,988名に対して、一人当たりの平均被ばく線量は年間1.1ミリシーベルトで、20ミリシーベルトを超えたものは7名（0.009%）、15～20ミリシーベルトであった者は548名（0.7%）とわずかな割合でした（表❹）。

　福島第一原発の事故前は、原子力施設で働く人々であってもほとんどの人が浴びていなかったレベルを、福島の人々は強要させられていることになります。

　私たちは、日本の法が定める一般公衆の追加被ばく線量限度である、年間1ミリシーベルトの基準が達成される環境で生活する権利があります。

表❹　日本の原子力施設における放射線業務従事者の被ばく状況（2009年度）

年間の被ばく線量 (mSv)	人数 （人）	割合 (%)
1 以下	59,921	78.9
1 を超え 2.5 以下	6,530	8.6
2.5 を超え 5 以下	4,163	5.5
5 を超え 7.5 以下	2,038	2.7
7.5 を超え 10 以下	1,321	1.7
10 を超え 15 以下	1,460	1.9
15 を超え 20 以下	548	0.7
20 を超え 25 以下	7	0.009
25 を超える	0	0.0
計	75,988	100

（出典：公益財団法人放射線影響協会のウェブサイト）

［居住制限に関する基準］

　福島第一原発の事故に伴う放射能汚染により、長期にわたって住民の帰還が困難となる地域（帰還困難区域）や居住が制限される地域（居住制限区域）などが設定されましたが、その際も年間20ミリシーベルトが一つの基準とされました（図⓰）。

　1986年のチェルノブイリ原子力発電所の事故で汚染された地域でも、汚染の程度に応じて移住の義務ゾーンや移住の権利ゾーンなどが法律で定められました。事故後5年ほど経過した時点での放射線量であることには留意が必要ですが、それでも、福島第一原発事故での区分に比べて低い基準値が採用されています。

　福島第一原発事故における帰還困難区域や居住制限区域には指定されていない地域（福島市など）においても、チェルノブイリ原発事故における移住義務ゾーン（年間5ミリシーベルト以上）に相当するような汚染地域が存在していることを、私たちは認識しておかなければなりません。

福島第一原発事故での区分
（2012年4月に再編して設定した区分）

帰宅困難区域
帰宅困難区域の一部地域で、放射性物質による汚染レベルが極めて高く、住民の帰還が長期間困難であると予想される区域。
5年間を経過してもなお、年間積算線量が20mSvを下回らないおそれがあり、現時点で年間積算線量が50mSv超の地域。

居住制限区域
避難指示区域のうち、年間積算線量が20mSvを超えるおそれがあり、住民の被ばく線量を低減する観点から引き続き避難の継続を求める地域（一時帰宅は可能）。

避難指示解除準備区域
避難指示区域のうち、年間積算線量が20mSv以下となることが確実と確認された地域。

チェルノブイリ原発事故での区分
（事故後約5年経過した時点で設定した区分）

年間の追加被ばく線量（mSv／年）

- 50
- 20
- 5
- 1
- 0.5

避難（特別規制）ゾーン
（＊汚染レベルが高く、事故後すぐに住民が避難した地域。基準値の定義はなし）

移住の義務ゾーン
（5mSv以上）

移住の権利ゾーン
（1〜5mSv未満）

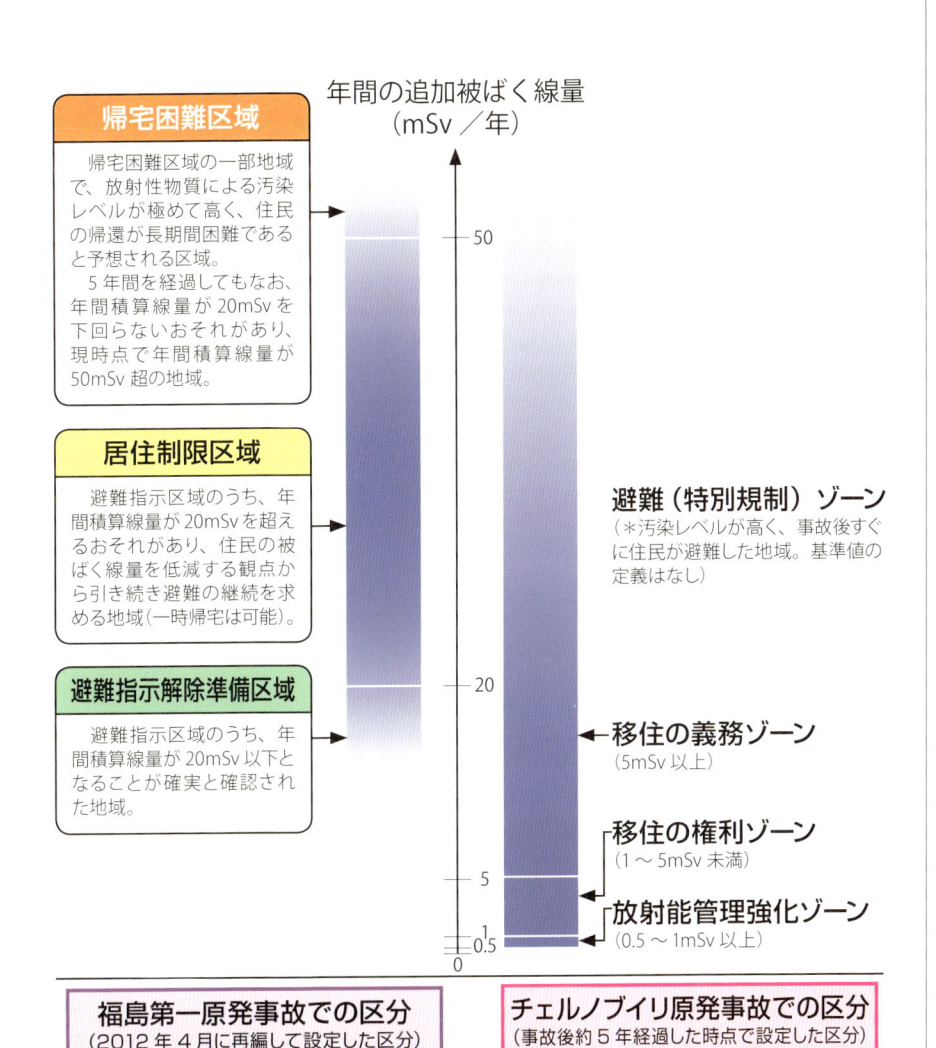

放射能管理強化ゾーン
（0.5〜1mSv以上）

図⓰　福島第一原発事故とチェルノブイリ原発事故における居住制限に関する基準
（参考：京都大学原子炉実験所 今中哲二氏の講演資料）

［放射線の被ばくによる労働災害の基準］

　労働災害（労災）を認定する基準の中にも、放射線の被ばく量についての基準が定められています。例えば、白血病の認定基準は年間5ミリシーベルトです。福島で設定された年間20ミリシーベルトという数値は、このような基準とも矛盾しています。

　国の新副読本では、「一度に100ミリシーベルト以下の放射線を人体が受けた場合、放射線だけを原因としてがんなどの病気になったという明確な証拠はありません」などと書かれています（図❼）。しかし、実際には、100ミリシーベルト以下の被ばくでも白血病などの労災の認定を受けた人が存在しています。このような事実と照らし合わせて考えても、適切な表現とは言えません。また、「放射線を受ける量はできるだけ少なくすることが大切です」と認める記述をしている以上、100ミリシーベルト以下であれば大丈夫であると解釈されるような表現をするべきではありません。

　この問題については、2012年11月15～26日に来日し、被ばくによる人権侵害の状況について調査を行った、「達成可能な最高水準の心身の健康を享受する権利に関する国連人権理事会特別報告者」のアナンド・グローバー氏も、2012年11月26日に発表した声明の中で指摘しました（Box 3参照）。

身近に受ける放射線の量と健康

　私たちは、自然にある放射線や病院のエックス線（レントゲン）撮影などによって受ける放射線の量で健康的な暮らしができなくなるようなことを心配する必要はありません。

　これまでの研究や調査では、たくさんの放射線を受けるとやけどを負ったりがんなどの病気になったりしたことが確認されていますが、一度に100ミリシーベルト以下の放射線を人体が受けた場合、放射線だけを原因としてがんなどの病気になったという明確な証拠はありません。しかし、がんなどの病気は、色々な原因が重なって起こることもあるため、放射線を受ける量はできるだけ少なくすることが大切です。

◆がんなどの病気を起こす色々な原因

- 年を取る
- 酒
- たばこ
- 放射線・紫外線など
- 食事・食習慣
- 働いている所や住んでいる所の環境
- ウイルス・細菌・寄生虫
- 遺伝的な原因

出典（社）日本アイソトープ協会
「改訂版 放射線のABC」（2011年）などより作成

●●● 考えてみよう ●●●
絵を見て健康的な暮らしのためには、どのようなことに心掛けるとよいか考えてみよう。

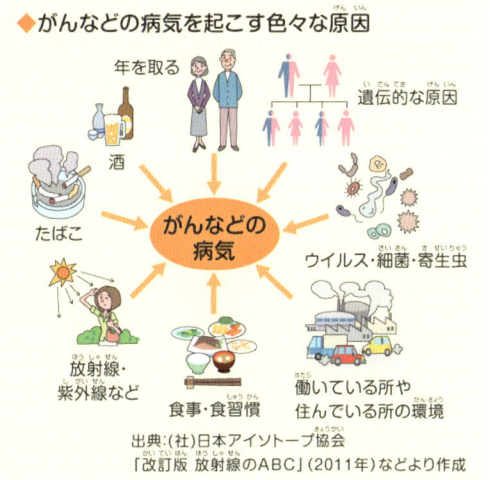

図⓱　一度に100mSv以下の放射線で病気になったという明確な証拠はないとする新副読本
（出典：「放射線について考えてみよう」文部科学省、2011、p.12）

Box3

国連人権理事会特別報告者アナンド・グローバー氏の声明

「達成可能な最高水準の心身の健康を享受する権利に関する国連人権理事会特別報告者」のアナンド・グローバー氏は、2012年11月15日〜26日に来日し、被ばくによる人権侵害の状況について調査を行って、2012年11月26日に声明を発表しました。その中で、次のように国の副読本の問題点を指摘しています。（一部抜粋）

・・

「日本政府は、避難区域の指定に年間20mSvという基準値を使用しました。これは、年間20mSvまでの実効線量は安全であるという形で伝えられました。また、学校で配布された副読本などの様々な政府刊行物において、年間100mSv以下の放射線被ばくが、がんに直接的につながるリスクであることを示す明確な証拠はない、と発表することで状況はさらに悪化したのです。
（中略）多くの疫学研究において、年間100mSvを下回る低線量放射線でもガンその他の疾患が発生する可能性がある、という指摘がなされています。研究によれば、疾患の発症に下限となる放射線基準値はないのです。」

5 事故の教訓から、いかに学ぶか

[事故と真摯に向き合う]

　原子力施設での過酷事故は、起きないに越したことはありません。未然防止が何よりも大事です。しかし、不幸にも起きてしまった場合は、その事故と真摯に向き合い、教訓とせねばなりません。それは、副読本の記述においても同じです。過酷な事故ほど、その被害の深刻さを示す情報をきちんと取り上げ、私たちが学べるようにしなければなりません。

[国の副読本における事故の記述]

　ところが、国の新副読本では、事故の教訓について十分に記載されていません。福島第一原発事故の話が出てくるのは、新副読本全体で「はじめに」の8行のみで、爆発で壊れた原発や除染作業の写真、原発事故を苦にして自殺した人のことなどは一切出てきません。小学生用の副読本では「汚染」の文字すら一度も登場しません。「放射線管理区域」でさえも、小中高いずれの副読本でも扱われていません。高線量被ばくの恐ろしさを示したJCO臨界事故についても然りです。高線量被ばくは人体にどのような影響を及ぼしたのか、なぜ2人の作業員は死に至らなければならなかったのか、真摯に反省すべきこの事故について、国の新副読本では、まるでJCO臨界事故そのものがなかったかのように取り上げられていません。

　旧副読本では、スリーマイルアイランド原発事故やチェルノブイリ原発

事故とともに、JCOの事故も取り上げられていました（図⓲）。しかし、高線量被ばくによる人体への影響についての詳しい説明はありません。また、JCO臨界事故の原因について、「作業員が正しい手順を守らなかった」「作業員が十分な安全教育を受けていなかった」と、原因を死亡した作業員の個人的責任に押しつけるような書き方になっています（筆者傍線）。実際は、長年にわたる会社のずさんな安全管理が臨界事故を引き起こしたとして、会社側の責任を認める判決を2003年3月に水戸地方裁判所が言い渡し、被告であった会社とJCOの幹部など6人の有罪が確定しています。また、その背景として、当時の動力炉・核燃料開発事業団[*30]や科学技術庁などの責任を指摘する声もあります。

　新副読本では、JCO臨界事故についてまったく触れられず、原爆・水爆についても、小学生用の副読本に広島・長崎に投下された原爆の話が2行出てくるだけです（図⓳）。中・高校生の副読本では、この原爆の話も出てきません。1954年に起きた第五福竜丸の被ばく事故[*31]も、小中高いずれの副読本でも扱われていません。

　JCO臨界事故のように、放射線による人体への影響を克明に示した深刻な事故に真摯に向き合わずして、いったい何を学ぶというのでしょうか。

　同じことが、今回の福島第一原発の事故にも当てはまります。国際原子力事象評価尺度（13ページ参照）で、最悪のレベル7に位置づけられたこの事故に真摯に向き合わずして、私たちは今後の原子力政策について語るべきではありません。

> ## 11 事故の教訓から学ぶ
>
> もし、原子力発電所やウランをあつかう施設で異常が発生した場合、周辺にくらす人たちの環境を守るためにどのような安全対策が取られているのでしょうか。過去に起きた原子力施設の事故と防災活動について見てみましょう。
>
> ### 1. 主な原子力施設の事故
>
> 原子力発電は電気を作るときに二酸化炭素を出さず、少ない燃料でたくさんの電気を安定して作ることができます。しかし、これまでにいくつかの事故も起きています。
>
> □スリーマイルアイランド原子力発電所の事故(1979年)
>
> アメリカのスリーマイルアイランド原子力発電所で原子炉がこわれる事故が起き、放射性物質が発電所の外にもれました。しかし、放射性物質をとじこめる機能がはたらいたために、放射性物質の放出量はわずかで、健康には問題のないひくいレベルでした(1人当たり0.01ミリシーベルト)。原因は機器の故障や運転する人の判断ミスが重なったことによるものです。
>
> □チェルノブイリ原子力発電所の事故(1986年)
>
> ウクライナ共和国(事故が発生したときはソ連)のチェルノブイリ原子力発電所の原子炉が一部こわれ、放射性物質が大気中に放出されました。放射性物質は空気の流れに乗って広がり、国境をこえヨーロッパの国々にも影響をもたらしました。この事故により、31人の死者が発生し、また、放射線による病気で多くの人々が苦しみました。
>
> 原因は運転員が原子炉の安全装置を動かないようにするなど、規則を守らなかったからです。日本の原子力発電所の原子炉は、チェルノブイリ原子力発電所で使われている形式の原子炉としくみがことなることや、安全確保の対策がなされていることから、同じような事故が起こることはほとんど考えにくいですが、この事故の後、より安全を守るための対策が図られています。
>
> □JCOウラン加工施設の事故(1999年)
>
> 茨城県のJCOウラン加工施設で事故が起き、作業員2人が死亡しました。また、まわりに住む人も放射線を受けましたが、施設の外に放出された放射線のレベルはひくく、健康や環境に影響はありませんでした。
>
> <u>原因は作業員が正しい作業手順を守らなかったためです。また、作業員が十分な安全教育を受けていなかったことも原因のひとつです。</u>それにより原子炉の中と同じようにウランの核分裂の連鎖反応が施設内で起きてしまいました。この事故を教訓に、日本では原子力施設の近くにオフサイトセンターが設置されました。
>
> 日本では、このような事故を教訓に、原子力施設の事故をふせぐしくみを見直し、前よりも安全を確保するしくみとなっています。運転員の訓練をふやし、また、万一、運転員のミスが起きても安全機能がはたらくようなしくみ、つまり、事故が起きないように、また起こったとしても人体や環境に悪影響をおよぼさないよう、何重にも対策が取られています。

図⓲ 事故の教訓について書かれた旧副読本(傍線は筆者による)
(出典:「わくわく原子力ランド」文部科学省・経済産業省資源エネルギー庁、2010、p.25)

放射線を受けると、どうなるの？

　放射線の利用が広まる中、たくさんの放射線を受けてやけどを負うなどの事故が起きています。また、1945年8月には広島と長崎に原子爆弾（原爆）が落とされ、多くの方々が放射線の影響を受けています。
　こうした放射線の影響を受けた方々の調査から、どのくらいの量を受けると人体にどのような影響があり、どのくらいの量までなら心配しなくてよいのかが次第に分かってきています。

図⓳　被ばくによる人体への影響について書かれた新副読本
　　旧副読本では取り上げられていた JCO 臨界事故について、新副読本では一切触れられていない。
（出典：「放射線について考えてみよう」文部科学省、2011、p.11）

＊30　動力炉・核燃料開発事業団……高速増殖炉や新型転換炉を開発する組織。元核燃料サイクル開発機構で、2005年に当時の日本原子力研究所と統合され、現在の独立行政法人 日本原子力研究開発機構となっている。
＊31　第五福竜丸の被ばく事故……1954年3月1日、静岡県焼津漁港の遠洋マグロ漁船「第五福竜丸」が太平洋・マーシャル諸島のビキニ環礁近くで、米国の水爆実験で死の灰を浴び被ばくした事故。

［事故時の対応への反省］

　図⓲の旧副読本にも記載されている通り、JCO臨界事故を教訓に設置されたのがオフサイトセンターです。事故が起きたときに、対応の拠点となるはずでしたが（図⓴）、福島第一原発の事故では、役に立ちませんでした。地震の影響で交通網が分断されて関係者が集まることができなかったこと、停電の影響で機器類が十分に使えなかったことに加え、放射性物質のフィルターが設置されておらず、部屋の中でも1時間当たり200マイクロシーベルト（μSv）を記録するなど、そもそも人が常駐できるような状況ではなかったからです。このように、JCO臨界事故を機に設置されたオフサイトセンターが、福島第一原発の事故への対応で機能しなかったことも、大きな教訓の一つです。しかし、これらを今後の課題としたまま、2012年7月関西電力大飯原子力発電所3号機、4号機が再稼働されました。2012年7月2日～9月7日の節電要請期間が終了したのち、10月1日に公表された関西広域連合の電力需給等検討プロジェクトチームが行った検証の結果では、大飯原発3、4号機の再稼働がなくても計画停電が必要となる日はなかったことが明らかになっています。しかし、2013年2月現在、大飯原発は稼働したままです。

　防げなかった福島第一原発の過酷事故。まず、その事実を真摯に受け止めて教訓とできるような内容とすることが、副読本においても、何よりも求められるはずです。

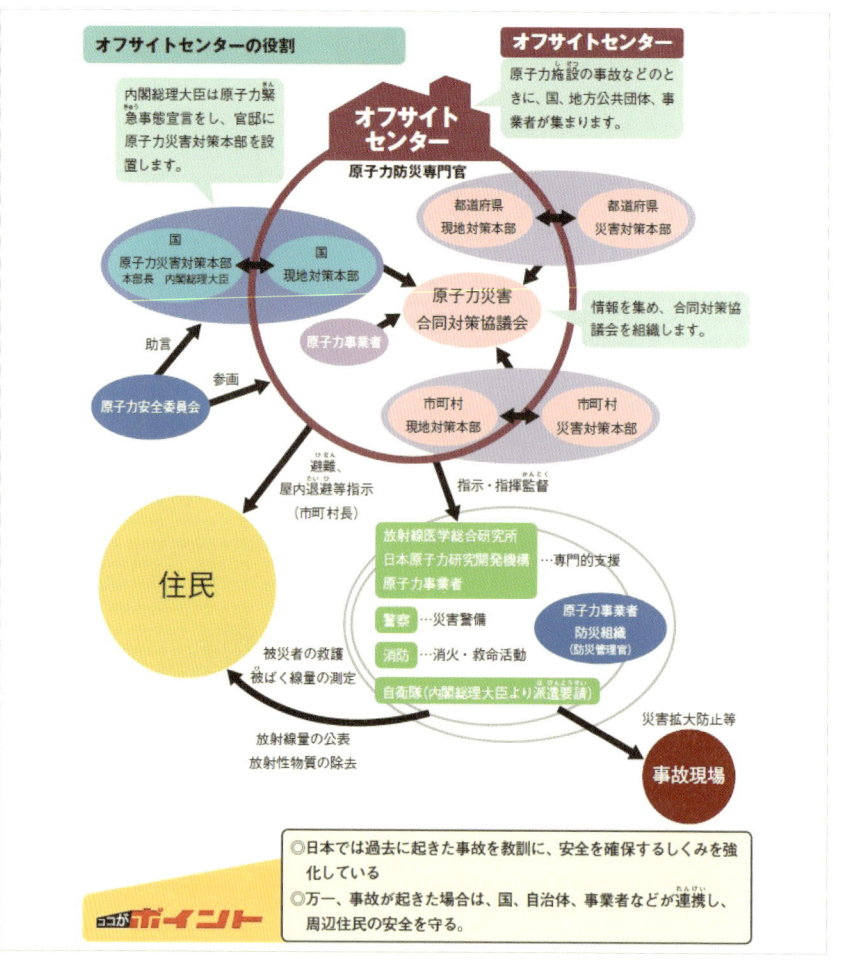

図⑳　旧副読本によるオフサイトセンターの役割
　　　事故が起きた場合、オフサイトセンターに国、自治体、事業者などが集まり、連携して周辺住民の安全を守るとしていた。
（出典：「チャレンジ！原子力ワールド」文部科学省・経済産業省資源エネルギー庁、2010、p.32）

6 事故による放射性物質拡散への対応上の留意点

［原発の安全神話の崩壊］

　福島第一原発の事故により、いわゆる「原発の安全神話」は崩壊しました。国の旧副読本では、「大きな地震や津波にも耐えられるよう設計されている」などと記載されていました（図㉑）。これらの記載が誤りであったことは明らかです。原発が廃炉にならない限り、過酷事故が再び起きる可能性を常に認識しておかなくてはなりません。福島第一原発の事故が起きてしまった今となっては、原発事故による被ばくのリスクを心配しなくてよい社会の実現（脱原発）も選択肢に入れるべきでしょう。

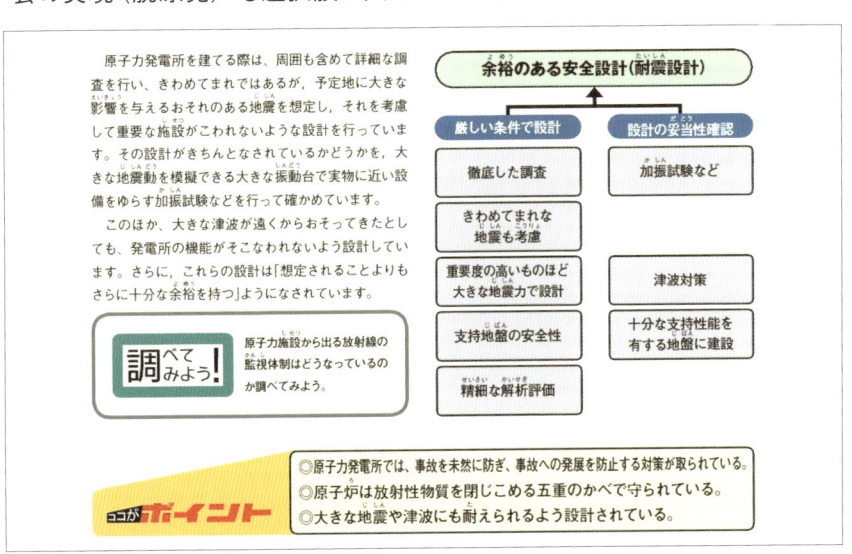

図㉑　原発は大きな地震や津波にも耐えられるとしていた旧副読本
（出典：「チャレンジ！原子力ワールド」文部科学省・経済産業省資源エネルギー庁、2010、p.30）

［避難や防護の留意点］

　もし原発などで事故が起きて放射性物質が放出されるような事態になった場合は、すぐに屋内に待避したり、遠くへ避難したりすることが重要です。屋外での避難では、放射性物質を吸い込んだり、身体が汚染されたりしないように、マスクをしたり長袖の服を着たりすることが必要です。風向きに注意して直角方向に逃げることが大切です。また、放射性物質を取り込みやすい水や牛乳などの食品の摂取にも注意が必要です。とくに、放射線の影響を受けやすい子どもや妊婦の方は、気をつけてください。

　放射性ヨウ素の甲状腺への集積を防ぐため、事故後早い段階で「安定ヨウ素剤」が配られた場合は、それを服用しましょう。

　国の新副読本では、「テレビやラジオなどで正確な情報を得ること」などと書かれていますが（図❷）、福島第一原発の事故の際には正確な情報が必ずしも発信されなかったことから、政府や電力会社の発信する情報だけに頼らず、自ら判断して行動することが求められます。

　また、マスクなどの対策について、新副読本では「時間がたてば（中略）マスクをしなくてもよくなります」などと書かれていますが（図❷）、放射性物質はさまざまなところに付着している可能性があるため、半減期の長い放射性物質が集まる可能性がある場所に近づく場合や除染作業をする場合などは、対策を継続しなければなりません。

　福島第一原発の事故では、政府が事故収束宣言を出した 2011 年 12 月

退避や避難の考え方

　放射性物質を扱う施設で事故が起こり、周辺への影響が心配される時には、市役所、町や村の役場、あるいは県や国から避難などの指示が出されます。

　周辺のデマなどに惑わされず、混乱しないようにすることが大切です。

　家族や先生の話、テレビやラジオなどで正確な情報を得ること、家族や先生などの指示をよく聞き落ち着いて行動することが大切です。

　事故後の状況に応じて、指示の内容も変わってくるので注意が必要です。

退避・避難する時の注意点

正確な情報を基に行動する
- 一斉放送、広報車、ラジオ、防災無線など

退避
- ドアや窓を閉める
- エアコン（外気導入型）や換気扇の使用を控える
- 食器に蓋をしたりラップを掛けたりする
- 木造家屋より遮蔽効果が高いコンクリートの建物への退避指示が行われることもある

避難
- ガスや電気を消す
- 戸締りをしっかりする
- 避難場所へは徒歩で
- 持ち物は少なく
- 隣近所にも知らせる

退避と避難は、どちらも放射性物質から身を守ることであり、「退避」は家や指定された建物の中に入ること、「避難」は家や指定された建物などからも離れて別の場所に移ることです。

図㉒　正確な情報源としてテレビやラジオを位置づける新副読本
　　（出典：「知ることから始めよう 放射線のいろいろ」文部科学省、2011、p.20）

非常時における放射性物質に対する防護

　原子力発電所や放射性物質を扱う施設などの事故により、放射性物質が風に乗って飛んで来ることもあります。

　その際、長袖の服を着たりマスクをしたりすることにより、体に付いたり吸い込んだりすることを防ぐことができます。屋内へ入り、ドアや窓を閉めたりエアコン（外気導入型）や換気扇の使用を控えたりすることも大切です。なお、放射性物質は、顔や手に付いても洗い流すことができます。

　その後、時間がたてば放射性物質は地面に落ちるなどして、空気中に含まれる量が少なくなっていきます。そうすれば、マスクをしなくてもよくなります。

空気を直接吸い込まない（マスクやハンカチで口をふさぎます）

摂食制限された飲み物や食べ物はとらない

図㉓　時間がたてばマスクをしなくてよいとする新副読本
　　（出典：「知ることから始めよう 放射線のいろいろ」文部科学省、2011、p.20）

6　事故による放射性物質拡散への対応上の留意点

16日の後でも、放射性セシウムの測定値が前日比で数百倍に急上昇した日がありました（図❷）。福島県災害対策本部によると、濃度が上昇した理由として、「当日は空気が乾燥し、地表面の放射性物質を含むじん埃が乾燥し舞い上がりやすくなったところにやや強い風が吹いたため、放射性セシウムを含むじん埃が地表面から舞い上がり、採取容器に降下したことによる可能性が考えられます」としています。つまり、この急激な上昇は測定誤差ではなく、実際に降下物に含まれる放射性物質の濃度が増加したことを示しており、他の日でも同様の変動が確認されています。

　このように、原発事故の収束宣言などが出された後だとしても、放射性物質の動きに注意し、必要に応じて対策を行っていくことが大切です。

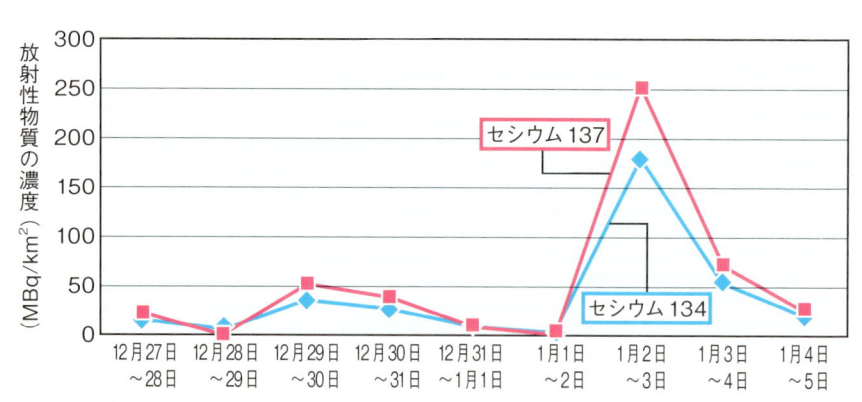

図❷ 政府の事故収束宣言後における定時降下物の放射性セシウムの濃度変化の例（2011年12月27日〜2012年1月5日、福島市）
（出典：文部科学省ウェブサイト）

［放射性物質の集まりやすい場所］

　放射性物質に汚染された地域では、周辺に比べて放射線量が高い場所が生じる場合があります。それらは「ホットスポット」とも呼ばれます。

　福島第一原発の事故で汚染された地域では、グランド、砂場、草地などの土壌・植物がある場所や、雨樋、側溝など水の流れが集まるところが、ホットスポットになりやすい場所でした。土壌の粒子に放射性物質が固定されやすいことや、水に溶けた放射性物質が水の流れによって集積しやすいことなどが理由です。放射線量が高いグランドや公園などでは、利用が制限されました（図㉕）。放射能汚染が起きた場合は、このようなホットスポットになりやすい場所にはできるだけ近づかないようにすることが大切です。

図㉕　高い放射線量のため、利用が制限された公園の砂場やすべり台（2011年4月、福島市）

7 判断力・批判力を育むために

［副読本を批判的に読む］

　福島第一原発の事故を受けて、これまで行われてきた原子力に関する教育や広報のあり方が改めて問われています。国策として進められてきた原子力の利用に関する教育や教材の内容、普及啓発の方法には、原子力のプラス面が過度に強調されるといった不公平性も指摘されています。

　偏重した教育・広報により、原子力の利用に関する国民の公正な判断力が低下させられてきたさまは、"減思力（げんしりょく）"の教育・広報とも言えるものです。

　図❷は、旧副読本（小学生用）における、火力発電と原子力発電との比較です。みなさんは不公平性に気づくでしょうか。よく見比べてみてください（不公平性の例は、右ページに記載しています）。

　これらの旧副読本は、福島第一原発の事故後に回収され、ウェブサイトからも削除されました。今回の原発事故の深刻さを真摯に受け止め、教訓とするには、これらの内容を記録し、批判的に検討していくことが重要です。

　なお、ここで必要な「批判力」とは、単に否定的に捉えるということではなく、正しいかどうかなどをよく吟味し、判定できる思考力のことを意味します。

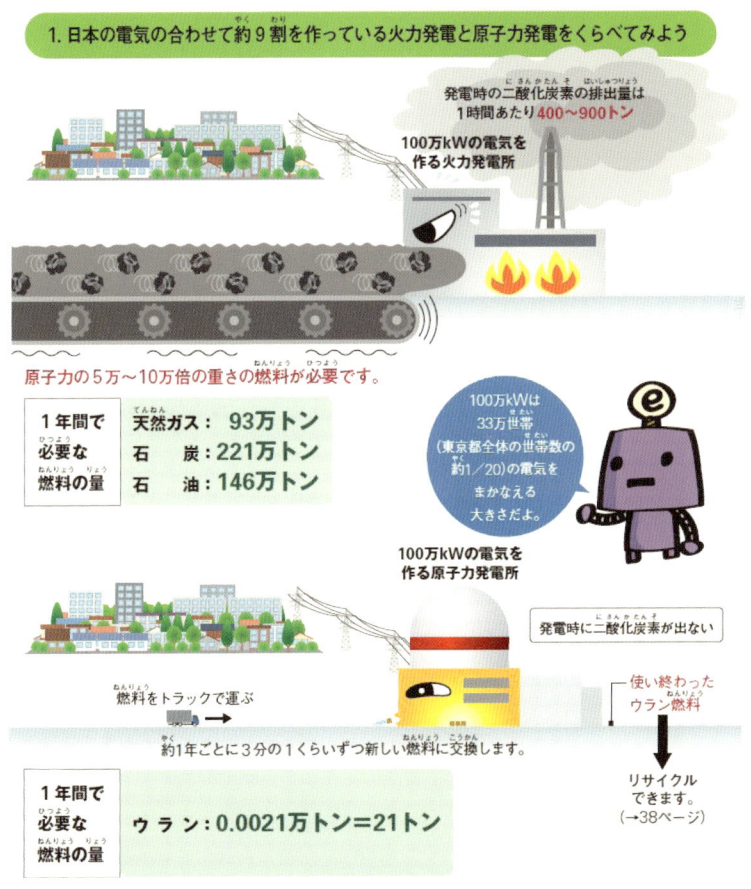

図㉖ 旧副読本における火力発電と原子力発電の比較
（出典：「わくわく原子力ランド」文部科学省・経済産業省資源エネルギー庁、2010、p.17）

図㉖における不公平性の例……

・火力はつり目の怖い表情で描かれているのに対して、原子力は優しい目の柔和な表情で描かれている。
・二酸化炭素は透明であるにもかかわらず、黒い煙とともに書かれている。
・原子力では「発電時に二酸化炭素が出ない」と書かれているが、火力では「発電時に放射性廃棄物が出ない」とは書かれていない。
・原子力の使用済みウラン燃料は「リサイクルできます」と書かれているが、火力の二酸化炭素は「リサイクルできます」とは書かれていない（使用済み核燃料のリサイクルは容易ではなく、国内では完成していない。二酸化炭素は植物の光合成の原料でもあり、リサイクルは可能である）。

7　判断力・批判力を育むために

[原子力に関するコンクールのあり方]

　副読本の他にも、国が関与した原子力推進に関する教育的な手段がとられてきました。原子力ポスターコンクールや原子力小論文・作文コンクールなどです。コンクールの名称上は、原子力に賛成／反対の区別はされていませんので、本来ならば、賛否両論を総合的に扱った作品が優秀と評価されるべきと考えられますが、実際の運営は必ずしもそうはなっていませんでした（図27）。これは運営側の問題であるので、入賞した子どもたち自身には、もちろん、何の非もありません。

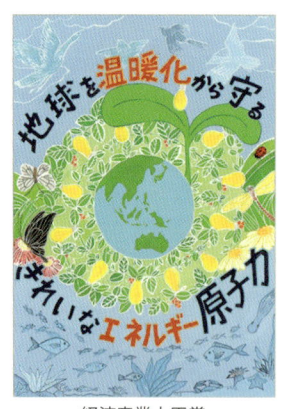

経済産業大臣賞
（13歳　埼玉県）

優秀賞　子ども部門
（9歳　茨城県）

入選　子ども部門
（11歳　福島県）

図27　2009年度（第16回）原子力ポスターコンクールにおける入賞作品の例
（出典：「第16回原子力ポスターコンクール作品集」文部科学省・経済産業省・資源エネルギー庁、2010）

例として、原子力小論文・作文コンクールを取り上げます。これを主催していたのは財団法人日本原子力文化振興財団ですが、もっとも上位の賞は「文部科学大臣賞」となっていたので、公的なコンクールとも位置づけられるものです。2010年度で、中学生は第35回、高校生は第42回でした。日本原子力文化振興財団の広報誌「原子力文化」に掲載された159の入賞作品すべてにおける見解を分析したのが図❷です。

　この分析では、公平性を客観的・定量的に把握するために、7つのカテ

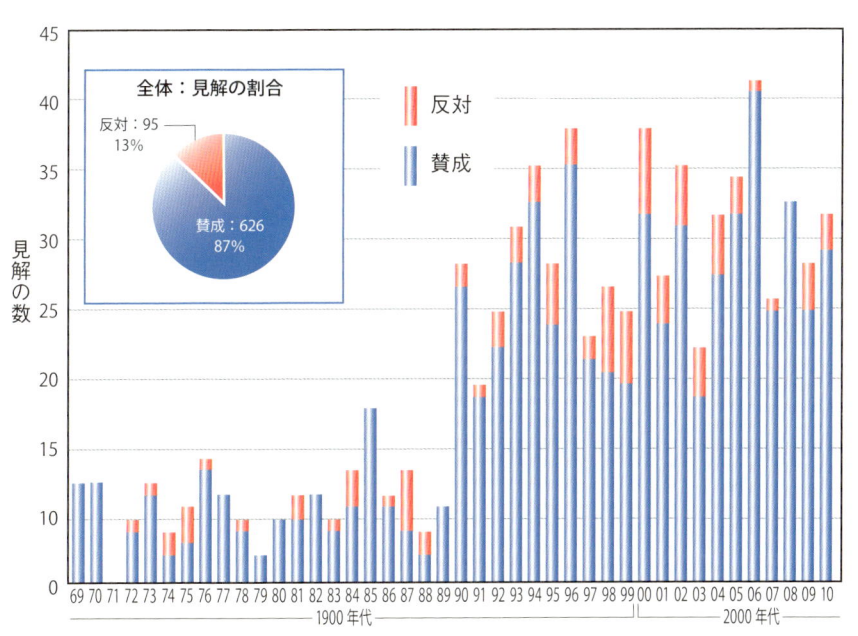

図❷　原子力小論文・作文コンクールの入賞作品における原発賛成・反対の見解の分布
（出典：福島大学環境計画研究室、2012）

7　判断力・批判力を育むために

ゴリー35の論点について原子力の賛成派と反対派が対称となるように同数の見解（計70）を配置した表を作成し、各作品で述べられている見解を分類して入力する方法を採っています。より具体的な分析の方法については、93〜97ページの解説をご覧ください。結果として、賛成派の見解が626に対して、反対派の見解は95で、賛成派の割合が87％を占めるという偏りが見られました。反対派の見解の数が賛成派を上回ったのは、過去42年間の中で、チェルノブイリ原発事故（1986年）の翌年にあたる1987年の1回だけです。

「原子力小論文・作文コンクールは、もともと推進側のコンクールであるから、その入賞作品が偏っているのは問題ない」という意見もあるかもしれません。この点を考えるには、少なくとも、

1）原子力は従来から賛否両論がある代表的な領域であること
2）コンクールが公的な機関によって実施されていること

の2点を考える必要があります。原発に賛否両論があることは、教科書などの「ディベート」のテーマ例として「原子力発電を廃止すべし、是か否か」がよく取り上げられていることからも明らかです。実際、国の旧副読本（中学生用）にもディベートのテーマとして掲載されています。

そこで、同じくディベートのテーマ例として取り上げられることの多い「死刑制度を廃止すべし、是か否か」を当てはめて考えてみましょう。仮に「死刑制度小論文コンクール」というものが公的な機関によって開催されたとして、死刑制度の「存続」または「廃止」どちらか一方の立場に偏った団体

が事業を請け負い、その立場に沿う作品ばかりが入賞するような運営がなされた場合、はたして「偏っていても問題ない」と言えるでしょうか。あるいは、「死刑制度"廃止"小論文コンクール」や「死刑制度"存続"小論文コンクール」というものが、公的に開催されること自体に問題はないと言えるでしょうか。

　多くの人は、このような思考実験によって、何がおかしいのかを理解していただけると思います。その上で、仮に大幅に譲歩して、そのような偏ったコンクールを公的に開催することを認める場合、どうしても、原子力"推進"のコンクールを行うというのであれば、少なくとも原子力"反対"のコンクールも行われなければ公平とは言えません。しかし、「原子力"反対"小論文・作文コンクール」が日本の公的な機関によって開催された例は確認されていません。

［公教育における公平性］

　教育という営みは、ある程度価値の問題を含んでいるため、「完全に公平な教育や広報はありえない」との意見もあるでしょう。たしかにその実現は困難であるにしても、少なくとも公教育において公平性を確保することは重要と言えます。

　教育基本法の第14条「政治教育」や第15条「宗教教育」では、偏ってはならない旨が書かれています。「原発の安全神話」のように、確たる証

拠もない話を信じることは「特定の党利に適(かな)った、欺瞞(ぎまん)的な宗教」の一形態であると考えれば、偏った「政治教育」「宗教教育」を行うことは正当化されません。また、学校教育法第21条第1項に「公正な判断力」と言及されている通り、教育で育むべきは「判断力」であって、一つの見方を刷り込んでいく「洗脳」ではないはずです。

　判断力や批判力は、環境教育や持続可能な発展のための教育（ESD：Education for Sustainable Development）でも重視されています。「環境教育指導資料［小学校編］」（2007年）では、環境教育で重視する能力と態度の例として「公正に判断しようとする態度」が挙げられています。また、「我が国における『国連持続可能な開発のための教育の10年』実施計画」（2006年）では、「育みたい力」の一つとして「批判力を重視した代替案の思考力」が位置づけられています。このような理念を具現化するためにも、私たちは、判断力や批判力を育んでいけるような機会を実現していくことが求められます。

8 不確実な問題に関する社会的意思決定のために

[原子力に関する意思決定]

　今後、日本のエネルギー政策がどうあるべきかについて、国民全体で真剣に議論していくことが必要です。原子力のような科学技術の採用の是非は、その影響が社会全体に及ぶことから、専門家だけでなく、一般の市民も含めて意思決定されなければなりません。このことの妥当性は、福島第一原発で事故が起きたことによって、原子力や環境リスクに関する専門家の見解の多くが誤りであり、原発事故を危惧していた市民の方がむしろ正しかったことが明らかとなった点からも裏付けられます。

　今後のエネルギー政策に関する意思決定は、専門家だけにまかせるのではなく、一般の市民も参加して行っていく必要があります（図㉙）。

図㉙　イタリアで原発を再開するかどうかを問う国民投票が行われた（2011年6月14日沖縄タイムス、共同通信社配信）
福島第一原発事故の後、2011年6月13日実施。57％の投票率で投票は成立し、原発再開反対94.6％、賛成5.4％で、再開反対派が圧倒的多数となった。

[国策としての原子力に関する広報]

　市民が原子力について判断していく際には、これまで国策としての原子力の広報がどのような考え方の下に行われていたのかを理解しておくことが重要です。

　この点について、特徴がよく表れているものに、「原子力 PA 方策の考え方」があります（8〜9 ページ参照）。これは、原子力を人々が受け入れるためのさまざまな方策について言及されたもので、科学技術庁（当時）の委託を受けて日本原子力文化振興財団が 1991 年 3 月にまとめた報告書です。報告書の作成にあたっては、マスコミ関係者を委員長として、学識経験者、電気事業者、原子炉メーカー担当者などを委員とする「原子力 PA 方策委員会」が設置されました。そして、科学技術庁の担当者もオブザーバーとして参加する検討会が 3 回行われ、その内容を要約する形で作成されました。

　報告書の記載内容の例を Box 4 に示しますが、「子ども向けにはマンガを使う」「繰り返し書くことによって、刷り込み効果が出る」「原子力はもともと美人なのだから、その美しさ、よさを嫌みなく引き立てる」「放射線や放射能が日常的な存在であることを周知させる」「事故時を広報の好機ととらえ、利用すべきだ」「一種のマスコミ操作法だが、合法的世論操作だ」など、じつにさまざまな考え方が示されています。このような考え方に基づいて情報が発信される可能性があるということを意識して、私たちは判断していくことが重要です。

Box4
原子力 PA 方策の考え方（一部抜粋）

■対象
「不安感の薄い子ども向けには、マンガを使うなどして必要性に重点を置いた広報がよい。」

■頻度
「繰り返し繰り返し広報が必要である。新聞記事も、読者は三日すれば忘れる。繰り返し書くことによって、刷り込み効果が出る。」

■時機（タイミング）
「事故時を広報の好機ととらえ、利用すべきだ。（中略）事故時はみんなの関心が高まっている。大金を投じてもこのような関心を高めることは不可能だ。事故時は聞いてもらえる、見てもらえる、願ってもないチャンスだ。」
「事故時の広報は、当該事故についてだけでなく、その周辺に関する情報も流す。この時とばかり、必要性や安全性の情報を流す。」
「夏でも冬でも電力消費量のピークは話題になる。必要性広報の絶好機である。広告のタイミングは事故時だけではない。」

■考え方（姿勢）
「原子力が負った悪いイメージを払拭する方法を探りたい。どんな美人にもあらはある。欠点のない人がいないように、世の中のあらゆるもの、現象には長所と短所がある。（中略）原子力はもともと美人なのだから、その美しさ、よさを嫌みなく引き立てる努力がいる。」

■手法
「広報の中心を"原子力発電所"に置きすぎる。放射線やその他の分野から理解を深める手法も考える余地がある。放射線や放射能が日常的な存在であることを周知させる必要がある。」

■学校教育
「教科書（例えば中学の理科）に原子力のことがスペースは小さいが取り上げてある。この記述を注意深く読むと、原子力や放射線は危険であり、できることなら存在してもらいたくないといった感じが表れている。書き手が自信がなく腰の引けた状態で書いている。これではだめだ。厳しくチェックし、文部省の検定に反映させるべきである。さらに、その存在意義をもっと高く評価してもらえるように働きかけるべきだ。」

■マスメディア広報
「スポークスマン（役人を含む）を養成する。（中略）一種のマスコミ操作法だが、合法的世論操作だ。」

[専門家の見解と予防原則]

　福島第一原発の事故前や、事故直後において、原子力や環境リスクに関する専門家が発言した内容の多くに誤りがありました。正しかったのは、地震や津波による原発事故の危険性を以前から指摘し続けてきた、わずかな専門家だけです。

　誤りや不適切な部分が見られる専門家の発言の例をBox 5に示します。これらの例に共通するのは、「専門家の判断が市民の判断よりも優れていると考えていること」、そして、「原子力工学や環境リスクの専門家が、原発事故の発生やその甚大さを予測できていなかったこと」です。リスク管理の観点で言えば、今回の原発事故では、「環境リスク学が環境リスクを見誤るリスクが顕在化した」のです。

　科学的な環境リスクは、一般に「環境への影響の大きさ×生起確率」で評価されます。2つの要素がともに数値化できた場合は計算できますが、未知な要素があれば計算できません。これら2つの要素と、それらに関連する概念について、当時の欧州環境庁（2001）のレポートでは、影響の大きさと生起確率がともに既知の場合を「リスク (risk)」とし、生起確率が未知な場合を「不確実性 (uncertainty)」、両者がともに未知な場合を「無知 (ignorance)」として整理しています（表❺）。原発の過酷事故による影響の大きさは、未知なるものに該当します。これは、日本の原子力損害賠

償法[*32]やアメリカのプライス・アンダーソン法[*33]で、核施設の所有者が賠償責任を果たせないほどの甚大な被害をもたらした場合、国が補償する考え方が採られている（つまり、影響の大きさの上限を想定できない）こと

Box5

福島第一原発の事故前における専門家の発言例

■ 大橋弘忠氏（東京大学教授、原子力工学）による玄海原子力発電所3号機プルサーマル計画に関する公開討論会（2005年）での発言

「事故のときにどうなるかというのは想定したシナリオに全部依存します。それは、全部壊れて全部出て、その全部が環境に放出されるとなればどんな結果でも出せます。でもそれは、大隕石が落ちてきたらどうなるかと、そういう起きもしない確率についてやっているわけですね。みなさんは原子力で事故が起きたら大変だと思っているかも知れませんけれども、専門家になればなるほど格納容器が壊れるなんて思えないんですね。」

■ 中西準子氏（環境リスク学の専門家）による著書『環境リスク学』（2004年）における記述

「原子力が夢の技術とは思わないが、わが国のエネルギー状況と、今のような管理技術を考えれば、もう少し利用されてもいいと思う。残念ながらリスク不安が大きく、原子力発電所の建設が市民に拒否される状況が続いている。」

「リスク評価というのは、その時点で言うことが大事です。後になれば、誰でもわかるのです。結果が出ないときに、どのくらい予測できるか、それでリスク評価の価値は決まるのです。まだ、わからない時点で、リスク予測をし、皆の誤解を指摘し、社会に訴える、それこそが価値となります。（中略）ここにあるいくつかの文章を読んで、いつ、どういう予測ができたか、それは後になってどのくらい正しく、どのくらい間違っていたか、つまり、リスク評価の"評価"をして頂きたいと思います。その上で、リスク評価を羅針盤として使っていけるのか、それとも駄目なのかを判断して頂きたいと思います。」

からも裏付けられます。結果として、原発の過酷事故による影響は「無知」の側面があります。

　リスクの他に「不確実性」や「無知」の概念があることは、環境リスクとしてすべてを評価できるわけではないことを意味します。そのような状況下で専門家が計算したリスク評価では、途中でさまざまな仮定が用いられているという点で、「主観的」価値判断を含んでいます（フレチェット[*34]、1991）。この意味で、専門家が「科学的」と称して行う評価は必ずしも客観的ではなく、市民が原発事故を危惧するような「主観的」評価と比べて、特段優れているということはできません。

　しかし、環境リスクに関する専門家は、「ゼロリスクはあり得ない」と考えて、リスクとして計算する傾向にあります。その結果、不確実性や無知の側面がある事象をあらかじめ避けようとする「予防原則」が論理的に導かれにくくなっています。予防原則とは、環境に重大かつ不可逆的な影響を

表❺　リスク、不確実性、無知の概念と、対応する行動の例

概　念	影響の大きさ	生起確率	対応の例
リスク	既知	既知	回避
不確実性	既知	未知	予防的回避
無知	未知	未知	予防

（参考：欧州環境庁、2001）

及ぼす仮説上の恐れがある場合に、科学的に因果関係が十分証明されない状況でも、規制措置を可能にする制度や考え方のことです。

* 32　原子力損害賠償法……1961年制定、原子力損害の賠償に関する法律。第3条では「原子力損害を与えたときは、当該原子炉の運転等に係る原子力事業者がその損害を賠償する責めに任ずる」と規定され、事故の過失・無過失にかかわらず無制限の賠償責任があるとする、いわゆる「無限責任主義」を採っているとされる。しかし、第16条で「政府は、原子力損害が生じた場合において、原子力事業者（外国原子力船に係る原子力事業者を除く。）が第3条の規定により損害を賠償する責めに任ずべき額が賠償措置額をこえ、かつ、この法律の目的を達成するため必要があると認めるときは、原子力事業者に対し、原子力事業者が損害を賠償するために必要な援助を行なうものとする」と規定されており、国が原子力事業者に必要な援助を行うことを定めている。

* 33　プライス・アンダーソン法……1957年制定、原子力損害の賠償に関するアメリカの法律。原子力損害が起きたときの事業者の責任は、賠償措置額に上限（約126億ドル）を設ける、いわゆる「有限責任主義」を採っている。

* 34　フレチェット……K・S・シュレーダー＝フレチェット。アメリカの環境哲学者。環境問題における科学技術の問題を直視し、リスクアセスメントや公衆衛生、環境的正義などの分野における倫理的問題、とくに放射線やエネルギーに関するリスクの公平性に注目して分析している。世代間倫理の問題もいち早く論じた。『環境の倫理』（原著："Environmental Ethics"、1981年）、『環境リスクと合理的意思決定』（原著："Risk and Rationality: Philosophical Foundations for Populist Reforms"、1991年）など、多くの書物を著している。福島第一原発の事故後の2011年には、原発事故の教訓を踏まえながら地球温暖化問題に対応するためのエネルギー政策の考え方を示した "What Will Work: Fighting Climate Change with Renewable Energy, Not Nuclear Power" を著した。

[不確実な問題に関する社会的意思決定のために]

　予防原則の採用の可否を決定するには、科学的な知見だけではなく、倫理的な判断が必要となります。このことは、科学技術の専門家だけで意思決定すべきでないことを改めて意味します。

　例えば、ドイツでは、2011年に将来のエネルギー供給に関する方針のあり方を考察するため、科学技術の専門家だけでなく、宗教界の最高指導者、社会学者、政治学者、実業家などさまざまな主体17名から構成される「安全なエネルギー供給に関する倫理委員会」[*35] が設置され、その審議結果が尊重されました。

　私たちは、福島第一原発の事故から何を学び、どのような意思決定を経て、今後の社会をつくっていくべきでしょうか。一人ひとりがこの問題と向き合って、考えていくことが求められます。

---

*35　安全なエネルギー供給に関する倫理委員会……福島第一原発の事故を受けて、ドイツのメルケル首相が招集した委員会。2011年4月4日から5月28日まで設置され、5月30日にドイツのエネルギー政策の方向性に関する報告書「ドイツのエネルギー転換──未来のための共同事業」を提出した。

9 放射線と被ばくの問題を考える際のヒント

　これまで述べてきたように、放射線による被ばくの影響は、すべてが解明されているわけではありません。危険性が証明されていないことを理由に、「放射線の影響を心配する必要はない」といった、「楽観派」の人々の見解も見られます。このような見解をどのように捉えるべきかについて、ここでは楽観派の人々の代表的な見解の例と、その妥当性を考える際のヒントを掲載します。

❶ 放射線は、正しく怖がることが大切です

　➡このような表現には、多くの場合、「怖がり過ぎるのは間違っている。心配するな」という楽観派の見解が含意されています。

　ここでは、放射線の怖がり方に「正しい」ものがあるかどうかを考えましょう。34〜36ページで見たように、高線量被ばくによる人体への影響はとても恐ろしいものです。高線量被ばくのように危険性がわかっているものを「怖い」と思うのは、「正しい」として差し支えないでしょう。

　一方、低線量被ばくについては、その影響は完全には解明されていません。専門家でも、安全と考える立場から小さくてもリスクはあるとする立場まで捉え方に幅があり、正解は出ていません。解明されていない以上、「正しい」怖がり方というのは論理的に成立しません。例えば、穴の深さがわかっていない「落とし穴」がある場合、1cmと考えて安心する人や、1mと考えて心配する人など、だれの怖がり方が正しいかは判定できないのと同様

です。つまり、「怖がり過ぎ」を「間違い」と断定できる根拠はありません。

❷ 低線量被ばくによる健康影響については、明確な因果関係の証拠が得られていないので、まったく問題ない

➡ この見解にも、論理に飛躍があります。「まったく問題ない」という考えは、危険が深刻なものではないという前提に立っていますが、明確な因果関係の証拠がないことは「未知の要素がある不確実な状況である」ことを意味しているだけであり、「まったく問題がない」という「安全」を意味するのではありません。このとき、「危険が深刻なものではない」という確定的な前提を置くこと自体が、「不確実な状況」と矛盾しています。このような論理的誤りは、「論点先取の誤謬(ごびゅう)」と呼ばれます。

また、関連してもう一つは、「誤った否定」の可能性です。仮に被害がまだ現れていなくても、「被害の証拠がないこと」は「被害がないことの証拠」ではありません。実際、環境問題の歴史では、不幸にもこれを取り違える「誤った否定」をしてしまった例が何度も見られました。少なくとも環境の専門家であれば、その歴史を謙虚に受け止める必要があるでしょう。

❸ 放射能のことを心配し過ぎる方が、健康によくない

➡ 文部科学省が2011年に公表した「放射能を正しく理解するために──教育現場の皆様へ」などで、同様のことが述べられています。たしか

に、人間の精神的な状態は身体的な健康状態とも関連しますが、ここでは、「このような見解が、原発事故の加害者と被害者、どちら側に立つことになるか」という点について考えましょう。被害者のことを慮（おもんぱか）っての発言のように見えますが、本当にそうでしょうか。

　このような見解は、放射線の被ばくによる健康影響の原因を、被ばくした人の心の不安、つまり「被害者側」に帰着させます。そこには、「加害者の責任を見えにくくし、被害者へ転嫁する」という、倫理的問題があります。例えば、次のような状況を考えてみましょう。あなたが傷害事件の被害者になってしまったとします。傷害の程度は軽微で、「直ちに健康に影響が出るレベルではない」ものでしたが、再び同じような事件に遭うかもしれないことを不安に思っています。そのとき、友人があなたに、「傷害事件を心配し過ぎる方が健康によくない。日本では、がんなどで死亡する人の方が多いんだから、自分の健康管理の方をしっかりすべきだ」とアドバイスしたとします。あなたはその友人のことをどのように思うでしょうか。

　だれが不安の原因を作り出したのか、だれが責任を負うべきなのか、そのもっとも重要なことを忘れて発言することがあれば、その言葉は被害者をさらに傷つけ、逆に加害者を助けることになりかねません。本当に被害者のことを想うのであれば、行うべき言動は、「あなたが被害者として不安を抱くのは当然のことです。加害者の行為を防ぎ、責任をとらせる対策を出来るだけやろう」と声をかけることではないでしょうか。

❹ 「低線量被ばくは安全」と言っている学者が、「余計な被ばくはできるだけ避けた方がよい」とも言っている

➡ 2つの主張が、論理的に見て同時に成立するかどうかを考えましょう。後者の「余計な被ばくはできるだけ避けた方がよい」とする根拠は、低線量被ばくでも健康被害の可能性がゼロとは断言できないことにあります。つまり、「危険かもしれない」から「できるだけ避ける」という論理になっています。

では、前者の「低線量被ばくは安全」とする主張と、後者における「危険かもしれない」という主張は、はたして同時に成立するでしょうか。安全と言っておきながら、一方で危険かもしれないと言うのでは、論理が破綻しています。

❺ 累積100ミリシーベルトの放射線被ばくによるがん死亡者の増加割合は0.5%だから、たいしたことない

➡ 0.5%は確率でいうと1000分の5です。福島第一原発の事故後に引き上げられた年間20ミリシーベルトの被ばくの場合、仮に累積の被ばく量が同じ20ミリシーベルトになったときの増加割合は、37〜39ページで述べた線形しきい値なしモデルで考えると1000分の1程度です。この確率の意味を考えましょう。

福島県の人口約200万人で単純に考えれば、1000分の1は2000人に相当します。このような1000人規模の命を奪うかもしれない確率を「たいしたことない」と言えるでしょうか。また、今回の大地震と津波は1000

年に一度の規模とされます。その1000分の1の確率を想定の外において対策を行わずに事故を招いた人々に、1000分の1を軽視するようにアドバイスされるいわれはないでしょう。

　また、他の環境問題への対応における確率の扱いと比べてみても、0.5%のリスクは、十分にマネジメント対象となるレベルと言えます。例えば、水質基準における化学物質に係る基準の考え方では、「遺伝子障害性物質による発がん性等閾値(しきい)がないと考えられる場合については、飲料水を経由した当該項目の摂取による生涯を通じたリスク増分が 10^{-5} となるリスクレベルを評価値とすることを基本とする」とされており、0.001%（10万人に1人）のリスク増加という、より厳しいレベルで規制されています。また、生物多様性保全の分野でも、例えば環境省の維管束植物レッドリストにおける絶滅確率の基準では、「絶滅危惧ⅠA類」から「準絶滅危惧」の4段階のうち、もっとも基準値が低い「準絶滅危惧」でも「100年後の絶滅確率が0.1%以上」となっており、やはり0.1%はマネジメント対象となるレベルです。

　このような事実を踏まえれば、「0.5%の増加だから、たいしたことない」という楽観派の見解は、同レベルあるいはより厳しいレベルで管理をしている他の環境分野の取り組みを否定することにもなるでしょう。

　そもそも、確率が高かろうが低かろうが、実際に被ばくしている人に対して「許容せよ」と強要できるような論理や倫理は成立するか、正義にかなっているか、そこから議論する必要があります。

❻ 被ばくのせいでがんになるとしても、日本人はどうせ3人に1人は がんで死亡しているのだから、気にしなくてもよい

➡️ 日本人のがんによる死亡率について、新副読本の教師用資料にも「約30％」と記載されています。上記の「0.5％」とあわせて、「30％が30.5％となるくらい小さいもの」という文脈で使われる表現であり、そこには「わずかな影響は、気にせず許容せよ」という論理があります。

0.5％の確率の考え方は、先に言及した通りです。また、高年齢層で発症することが多い通常のがんとは異なり、被ばくによるがんのリスクは若年齢層で高くなることも問題です。そして、もしこのような論理を認めるのであれば、極論すると、次のような主張を認めるのと同じことになります。

「みんな、どうせいつかは死ぬんだから、病院など存在する意味がない。」

あなたはこの主張に同意できるでしょうか。長生きを願う人々に対して、死亡リスクの上乗せを強要できる根拠はあるのか、問われなければなりません。

❼ 放射線よりもタバコや自動車の交通事故の方が危険だ

➡️ 新副読本の教師用資料には、放射線の被ばくによるリスクと、他の日常的なリスク要因（喫煙、飲酒、肥満など）について、比較した表が掲載されています。これによると、例えば一度に100〜200ミリシーベルトの放射線を被ばくしたことによるがんのリスクは1.08倍で、それよりも喫煙や肥満などの方が高くなっています。がんになるリスクで見た場合は、日

常的なリスク要因の方が高いと言えます。

　しかし、ここで考えるべきは、放射能汚染による被ばくと日常的なリスク要因を同列に扱うことが妥当かどうかです。少なくとも3つの論点が考えられます。1点目はそのリスクを個人で管理できるかどうか、2点目はそのリスクに伴う便益（ベネフィット）があるかどうか、3点目はリスクの代替が妥当かどうかです。

　1点目について、喫煙や飲食、交通事故による死を避けるには、禁煙することや食生活に気をつけること、自動車に乗らないことといった、個人での対応が可能です。しかし、放射能に汚染された地域では、その被ばくを完全に避けることは極めて困難です。つまり、リスクの制御可能性に大きな違いがあります。

　2点目について、喫煙や飲食、自動車の利用、あるいはレントゲンやCTスキャンの利用でも、目的をもってそれを行う人にとって、何らかの便益を得ることが可能です。このことは新副読本（高校生用）や教師用資料にも書かれています。しかし、放射能の汚染による被ばくは、何ら便益をもたらしません。リスクを比較するのであれば、その便益や負担の公平性についても、同時に考慮されなければなりません。

　3点目については、次のような例を考えましょう。あなたが病院で医者から「今日は無用な放射線を少し浴びてもらいましょう。なぁに、喫煙や肥満の方がリスクが高いですから、そちらを気をつけてください」と言われたとします。あなたは納得して無用な被ばくを受け入れるでしょうか。

性質の異なるリスクの比較は、危険性の目安にはなっても、それを許容させる根拠にはなり得ません。

　ちなみに、ドイツの環境省が作成した原子力に関する副読本は、公平性にとても配慮した構成となっており、リスクを扱ったページでも、原子力に関するリスクが他の日常的なリスクに比べて相対的に低いと見せるような内容にはなっていません（Box 6 参照）。

❽ 福島の原発事故で死者は出ていない。津波による被害に比べて、深刻に扱われ過ぎだ

　➡まず前提として、地震と津波は「天災」であるのに対し、原発事故は「人災」であるという違いがあります。人災である原発事故には「加害者」がいます。その道義的責任の有無における重大さを考慮する必要があります。また、17ページでも述べたように、実際に原発事故に伴う避難の際に犠牲になった人々や、放射能汚染を苦にして自殺に追い込まれた人々がいます。福島第一原発の事故現場でも、東京電力は放射線被ばくによる影響を不明としていますが、作業中に亡くなった人もいます。

❾ リスクを見つめ、今を大切に生きることが、人生を豊かにする

　➡東京大学医学部附属病院准教授の中川恵一氏が、福島第一原発の事故後に、新聞紙面や著書において、このような見解を述べています。中

川氏は、自身の医師としての経験から、「がんになって人生が深まったと語る人が多い」ことを理由に、この見解を導いています。

　人が死期を宣告され、残された時間が判明した場合は、このように考える場合もあるでしょう。しかし、その場合は、死期が確定したという意味で、すでに「リスク」ではありません。リスクの認知は、その不確かさという特性から、人の心の不安を増大させることはあっても、豊かにすることはまずないのではないでしょうか。少なくとも、今福島で放射能汚染に苦しんでいる人々に対して、「人生が豊かになっただろ」などと言うことは、あってはならないことです。

Box6

ドイツの原発に関する副読本

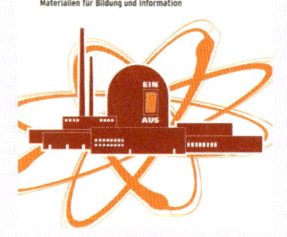

(a) 表紙
【タイトル：簡単にスイッチは切れるか？】

(b) ページの例
【反対／賛成の意見が公平に扱われている】

(c) リスクを扱ったページ
【リスクの大小を決定してはいない】

自動車	あなたは、毎日車に乗るのに、不安がありますか？	□はい	□いいえ
タバコ	あなたは受動喫煙が心配ですか？	□はい	□いいえ
飛行機	あなたは飛行機で飛ぶのが怖いですか？	□はい	□いいえ
遺伝子組換え食品	あなたは遺伝子組換え食品を買いますか？	□はい	□いいえ
日光浴	あなたは日光浴をするとき、皮膚がんを心配しますか？	□はい	□いいえ
原子力発電	あなたは原子力発電所の近くに引っ越したいと思いますか？	□はい	□いいえ

■作業内容
1. 問題に答えてください。どのようにあなたは提示されたリスクを評価しますか？
   1番目（最大のリスク）から6番目（もっとも低いリスク）までリストします。
2. 自由意思か、そうでないかにかかわらず、そのリスクを冒すことは、あなたにとってどのくらい重要ですか？
3. あなたが、仕方なしにそのリスクを冒さなければならないとしたら、行いますか？
4. クラス内であなたの結果を比較します。どこに違いや共通点がありますか？

出典：Bundesministerium für Umwelt, Naturschutz und Reaktorsicherheit(2008) "Einfach abschalten? Materialien für Bildung und Information"

- ドイツでも、国が作成した原子力に関する副読本があります。ドイツの環境省が 2007 年に作成し、2008 年に出版した「簡単にスイッチは切れるか？（Einfach abschalten?）」です。これは、8〜10 学年（13〜16 歳）の子どもを対象とした、原子力に関する教材です。「副読本」「作業シート」「教師用の資料集」の 3 部構成（約 50 ページ）となっています。
- ドイツの環境省は、原子力を規制する側の役割を担っているので、日本の感覚で言えば、原発反対の側に偏る内容になっていてもおかしくはありません。しかし、そのようにはなっておらず、公平性を確保し、読み手の判断力を育もうとする姿勢が見られます。
- （b）は、地球温暖化対策における原発の役割について書かれたページです。様式上、右と左に分けてほぼ同じスペースを確保し、原発をやめること（Ausstieg）について反対（Kontra）と賛成（Pro）の代表的な意見を、それぞれ出典を明記して引用しています。日本の旧副読本にも書かれていた「原発が二酸化炭素の削減に貢献する」という反対意見とともに、日本の旧副読本ではまったく触れられていない「原発では温暖化問題の解決にはならない」という賛成意見が併記されています。
- （c）はリスクを扱ったページです。自動車、タバコ、飛行機、遺伝子組換え食品、日光浴という日常生活における 5 つのリスク要因と、原発に関するリスクが取り上げられていますが、「あなたは毎日車に乗るのに不安がありますか？」、「あなたは受動喫煙が心配ですか？」などの質問に「はい／いいえ」でチェックするようになっているだけであり、日本の副読本のように、原子力に関するリスクが相対的に低いと見せるような内容にはなっていません。また、原発に関する質問は、「あなたは原子力発電所の近くに引っ越したいと思いますか？」というもので、原発のリスク負担の公平性に関する本質を、シンプルな表現で的確に捉えた質問と言えます。そして、相対リスクについては、「作業内容（Aufgabe）」として、個人の主観的な評価によってリスク要因を順位付けするとともに、クラスの他の人と話し合う方法を提示しています。つまり、リスクに関する様々な見方を学び、判断力を育むことができるような内容となっています。
- なお、ドイツの副読本は、ユネスコにより、国連の「持続可能な発展のための教育の 10 年（DESD）」の公式なモデル事業としても位置づけられていました。持続可能な発展のための教育（ESD）で重要とされている批判力の育成にも資するものと位置づけられていたことが伺えます。

解説・補足説明

環境教育および環境メディアの観点から

　ここでは、原子力に関する教育や広報における特徴を把握するため、「環境教育」と「環境メディア」の観点から解説と補足説明を行います。環境教育と環境メディアは、どちらも「環境問題の解決のために、人々の環境問題の認識形成に働きかけるための手法」という点が共通しています。違いは、環境教育が主として特定の人々を対象に特定の機会を使って働きかける方法を採る（例：学校教育や各種の環境学習イベント）のに対して、環境メディアは不特定多数の人々にさまざまな場面で働きかける方法を採る（例：環境広告やニュース報道）という点です。これら二つは、環境教育の場面で環境メディアとしての映像作品を使ったり、環境メディアの読み解き方を環境教育の内容として教えたりする場合があるなど、厳密に区別できるものではありませんが、いずれにしても、環境問題についての学びを生涯学習と位置づける際に、どちらも欠かすことのできないものです。

　日本の原子力に関する教育や広報において、環境教育と環境メディアとして位置づけられる手法がこれまで用いられてきました。福島第一原発の事故前は、電力会社や政府が作成したテレビコマーシャルやインターネット・コンテンツなどがたくさんありました。環境メディアに関して、68 〜 69 ページで取り上げた「原子力 PA 方策の考え方」では、「マスメディア広報」のところで「一種のマスコミ操作法だが、合法的世論操作だ」などと書かれていましたし、福島第一原発事故が発生した当時の「日本広報学会」の会長が、東京電力の清水正孝社長（当時）だった事実などからも、いかに広報が重視されていたかがわかります。

　公的な環境教育に関する分野でも、例えば文部科学省（2010）は、原子力・エネルギーに関する教育への支援事業として、①学習機会の提供（出前授業など）、②課題の提供（原子力ポスターコンクールなど）、③副教材などの提供、④財政的な支援、の四つを挙げています。原子力に関する子どもたちへの代表的な教育ツー

ルとしては教科書がありますが、各社の教科書の記述には公平性への一定の配慮が見られます。

　本書では、教科書を除く、文部科学省がかかわる事業の中で、②と③にかかわる「原子力に関するコンクール」と「副読本」を主に取り上げています。どちらも、環境メディアとして、情報の「受け手」側の認識形成に働きかけるものです。コンクールへの応募や副読本の使用が学校教育現場で行われれば、それらは環境教育の手段としても位置づけられます。また、コンクールの場合は、入賞した作品が、次に新たな環境メディアとしても機能することになります。入賞作品が広報されることで、新たにその作品を見る人々、つまり「新たな受け手」の認識形成にも作用するという側面があります。

　筆者は、福島第一原発の事故後に、原子力に関するコンクールの入賞作品や副読本の内容を見て、不公平性の問題を認識し、検証を試みてきました。ここでは、本文で詳述できなかった内容をご紹介したいと思います。

　ただし、絶対的な不公平性（あるいは公平性）を厳密に証明することは、容易ではありません。副読本の記述や作品の意味内容の分析において、主観的な要素を完全に排除することはできませんし、不公平性の定義や条件によっても結果が変わるからです。そのため、ここでご紹介する検証方法では、比較対照を設定して不公平性の度合いを見るという方法を多く採っています。この場合、相対的な公平性の検証が中心となっていることに留意していただきたいと思います。さしあたって、ここでの「不公平性」は、「原子力に関する事項について、正負両側面の情報の掲載やその取り扱い、予算の使い方などに関し、偏りがあること」と定義します。

原子力ポスターコンクールにおける公平性

　62ページでも取り上げた原子力ポスターコンクール（以下、原子力PC）は、募集案内によれば「ポスターという親しみやすい媒体を通じて、原子力や放射線につ

いての理解と認識を深めていただくことを目的とし、文部科学省と経済産業省資源エネルギー庁の共催により」実施されるコンクールです。

　この目的の記述からは、少なくとも原子力に賛成／反対のどちらかだけを主張する作品を募集するという方針は明示していないことを確認できます。つまり、原子力を推進する立場の作品だけでなく、原子力の正負両側面を扱った作品や、反原発の立場の作品なども応募できますし、運営方針によっては、そのような作品を入賞させることも可能なはずです。

　原子力PCは2010年度が第17回であり、約3,919万円の予算が使われ、子ども部門3,694点、一般部門3,197点の計6,891点の応募がありました。筆者が調べた限り、これまでの原子力PCでは、原子力を賛美する作品ばかりが入賞していました。

　原子力PCにおける公平性を検証するにあたって、できるだけ客観的に捉えるため、経済産業省主催の「省エネルギーポスターコンクール」（以下、省エネPC）との比較を行いました。省エネPCを取り上げた理由は、①「エネルギー」に関する公的なコンクールという点が共通している、②コンクールの対象者が主に小中学生である点が共通しており、学校教育との関連性が高い、③「省エネルギー」は、循環型社会の概念における「天然資源の消費の抑制」という意味で、より優先されるべき取り組みであり、エネルギー利用の一形態である「原子力の利用」と重点の置かれ具合について比べることに意義がある、などの点です。

　過去5年に相当する2006～2010年度（2010年度は、省エネPCは開催されていません）を主に比較した結果の概要について、表Aに示します。両者の比較から、次のような不公平性が指摘できます。

　1）予算について、原子力PCの方が省エネPCよりも2倍程度の額が使われていた。

　2）応募要項において、原子力PCでは「考えるヒント」として原子力の肯定的内

表 A　原子力ポスターコンクールと省エネルギーポスターコンクールの比較

	項目	原子力ポスターコンクール	省エネルギーポスターコンクール
実施体制	主催者	文部科学省、経済産業省資源エネルギー庁	経済産業省資源エネルギー庁
	開催年度	最新開催年度：2010年度（第17回）	最新開催年度：2009年度（第31回）
	予算	【2010年度】39,186,000円	【2009年度】21,734,625円
	運営主体	財団法人原子力文化振興財団	財団法人省エネルギーセンター
	対象・部門	子ども部門（小学生）、一般部門（中学生以上）	小学校部門、中学校部門
	応募作品数	【2010年度】子ども部門3,694点、一般部門3,197点、計6,891点	【2009年度】小学生部門2,235点、中学生部門2,207点、計4,442点
	賞・賞品の設定	文部科学大臣賞、経済産業大臣賞、優秀賞、入選、佳作、最優秀学校賞、優秀学校賞、学校奨励賞 ※2008年度までは応募者全員に参加賞	最優秀賞、優秀賞、佳作、地区賞（最優秀賞、優秀賞、佳作）
応募要項	キャッチコピーの情報	2008年度の第15回からキャッチコピーを作品の中に入れるように指示。 2008年度はキャッチコピー8つ（すべて原発の肯定的内容）を例示。 2009、2010年度は、考えるヒント（すべて原発の肯定的内容）を掲載。	2006～2009年度のすべてで、省エネルギー標語（創作自由）を入れるように指示（ただし小学校3年生までは入れなくても可）。 例示はなし。
	アンケート項目	【2008年度】 Q1.ポスターコンクールについてお答えください。 Q2.どこで「原子力の日ポスターコンクール」を知りましたか。 Q3.10月26日が「原子力の日」であることを知っていましたか。 Q4.原子力発電が日本の電力の約1/3を作っていることを知っていましたか。 Q5.原子力発電は、発電の際にCO_2を出さないことを知っていましたか。 Q6.放射線は「医療や工業でも利用されている」ことを知っていましたか。 Q7.来年もまたポスターコンクールに応募しようと思いますか。	【2009年度】 Q1.省エネルギーコンクールをどのように知りましたか？ Q2.省エネルギーポスターコンクールのご案内の時期はいつごろがよろしいですか？ Q3.省エネルギーポスターコンクールについて、ご意見、ご感想をお書きください。
入札仕様書	広報に関する特徴的な要件	【事後の周知活動】 　受賞作品決定後、受賞作品を活用したポスターを必要部数作成し、応募があった小学校、中学校、高等学校及び教育委員会、原子力関係機関に配布することを必須とし、その他、受賞者の思いや考えを発信するような広報を盛り込むなど、効果的な事後広報を提案すること。 【事後評価】 　応募者に対し、原子力や放射線に対する意識の喚起及び理解の促進を図ることができたかを分析する。また、応募のなかった学校等に対しても応募に至らなかった理由等を調査・分析し、次年度に向けた事業改善策をとりまとめること。	【広報素材の作成・広報】 　入賞作品は、作品集（A4サイズ、20頁程度、カラー、10,000部）として、応募校等に配布するとともに、資源エネルギー庁のホームページに掲載できるWeb用のページも併せて作成すること。 　また、省エネルギーポスターコンクールを広く紹介し、国民の省エネルギー問題に対する関心を喚起するため、入賞作品を各種の展示会や表彰式等において展示できるパネル（B2版33枚程度）を作成すること。 　また、入賞作品や表彰式の模様をWebサイト等を利用し、国民に対し広報を実施すること。

解説・補足説明

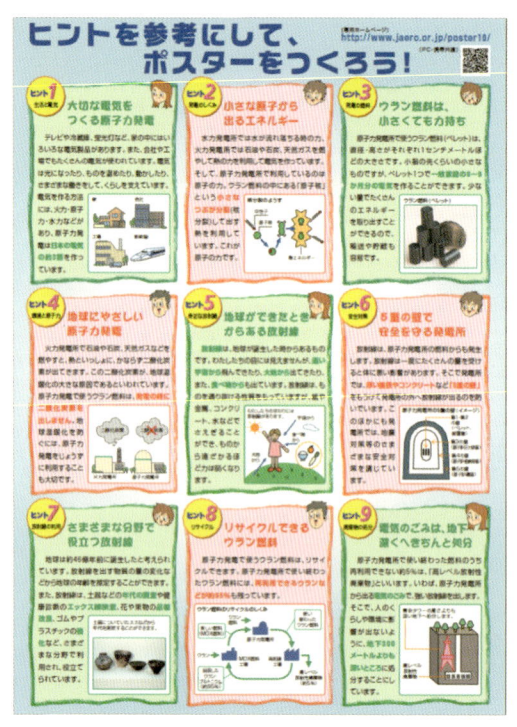

図A　第17回原子力ポスターコンクール（2010年度）の応募要項に掲載された9つのヒント

容のみが掲載されていたり（図A）、アンケートを使った特定内容の普及啓発（例：原子力発電が日本の電力の約1／3を作っていることを知っていましたか。）が行われたりしていたが、省エネPCではそのような作為は見られなかった。

　3）入札仕様書において、原子力PCでは「応募のなかった学校等に対しても応募に至らなかった理由等を調査・分析し、次年度に向けた事業改善策をとりまとめること」と記載されており、普及啓発のより強力な要件が課せられていたが、省エネPCではそのような要件は課せられていなかった。

　などです。

本来、より広く普及啓発されるべきは省エネルギーの方であることを考えれば、省エネPCの方により多くの予算が使われ、応募要項にも工夫し、広報にも厳しい要件が求められていてもおかしくないところですが、以上の比較分析結果からわかるように、そうなってはいませんでした。

原子力小論文・作文コンクールにおける公平性

63～64ページで取り上げた「原子力小論文・作文コンクール」について、実際に入賞した作品の一部や、論点の具体的な分析方法について紹介します。

福島第一原発事故の前年の2010年度に高校生部門の文部科学大臣賞を受賞した作品について、やや長くなりますが、一部抜粋して引用します。

> 私は真剣に考えた。「はたして原子力発電は本当に必要なのだろうか?」と。
>
> 私はこの論文を書くまで、原子力発電には反対だった。なぜなら、私は坂本龍一氏による「ストップロカショ」というプロジェクトに賛同していたからだ。(中略) しかし講談社の出版物『ロッカショ』に対するEEE会議の抗議文を読んで、六ヶ所村再処理工場から放出される放射能によって住民が受ける放射線量は0.022ミリシーベルト以下、つまり自然放射線の100分の1以下であるということを知った。私は原子力発電にはもはや反対できなくなった。
>
> 私はふと思った。「私自身が体験した原子力発電に対する誤解と似たものを多くの人が今も気づかぬままに信じ込んでいるのではないか。その誤解によって多くの国民が原子力発電に異常な危機感を持っているのではないか」ということを。
>
> (中略) 私はその人々が、メディアの送り手の偏った意図に左右されないためにも真実の情報を得る必要があると考える。例えば原子力発電の必要性を訴え、誤解を解くコマーシャルなどでメディアを利用し、国民が誤った情報に利用されない取り組みも必要だと思う。

（中略）私が原子力発電に賛成するようになった決定的理由が二つある。一つ目は、地球環境問題を悪化させている先進国の一つに日本が挙げられるからである。（中略）二つ目は、ウランの供給源が政情の落ち着いた国（例示は省略）に多いため、安定していて確実な供給が期待できるという点である。
　（中略）その他にも原子力発電には、発電が低コストで行えること、技術力の国際的アピールができること、また原子力発電所建設によって生じる雇用の拡大などといったさまざまなメリットが存在する。
　たしかに一方で、現時点では核燃料サイクル後の高レベル放射性廃棄物の処理方法の問題や、阪神大震災級の地震に原子力発電所が耐えうるのかという疑問も伴っている。その問題の解決を急ぐと同時に私たちが考えなければいけないことは、どんな資源・方法での発電においても、デメリットが一つもないということは有り得ないということだ。
　その点を総合的に判断すると、地球環境に黄色信号が灯る現時点では原子力発電なしに未来は見えない。よって私は原子力発電を慎重に、かつ強く推進したいと考える。

　この作品を書いた生徒が、原子力の賛成／反対のどちらの立場であるかは明確です。論文を書く前は「反対」でしたが、真剣に考えた結果「賛成」に変わっています。そして、「原子力発電を慎重に、かつ強く推進したい」というのが結論です。全体の論理展開については、ここに全文を掲載できていないので、関心のある方は原文を参照していただきたいと思いますが、結論を導くまでに、賛成側の見解について多く記述されています。原子力の必要性を訴え、誤解を解くために、メディアを利用することの必要性を述べているのも特徴的です。
　また、同じ 2010 年度の入賞作品の一つには、次のような主張が書かれています。

　そこで提案なのですが、原子力発電所を子どもたちの遊び場にできないでしょうか。○△原子力発電所のそばには、立派な運動公園がありました。○△原子力館という見学施

設もあります。子どもの遊び場や学習の場は十分整えられています。さらに踏み込んで、原子力発電所そのものを遊び場にするのです。（注：具体名の伏せ字は筆者による）

　この子どもは、原発そのものを遊び場にすることを提案しています。将来、原発を廃炉にした後の話ではなく、稼働させたままの状態で、日常的に子どもたちが原発で遊んでいる光景を想定しているのです。仮に、この提案が実現され、福島第一原発の建屋で子どもたちが遊んでいたときに、原発事故が起きていたらと想像してみてください。筆者には、空恐ろしく感じます。

　筆者がとくに問題視するのは、この提案は、「子どもの方が被ばくの影響が大きい」というもっとも重要な事項の一つが、作品を書いた子どもには伝えられていないことを意味していると考えられる点です。子どもは被ばくの感受性が高いので、一般の大人にも増して、被ばくの可能性のある場所からは離れておくべきであるという重要な内容が、教育や広報の内容として子どもたちに十分伝えられていれば、このような提案はできなかったのではないでしょうか。

　このことは、32ページでも述べたように、文部科学省の放射線に関する副読本にも共通しています。子どもや妊婦はとくに被ばくに注意すべしという重要な事項が、国の副読本には書かれていません。

　入賞作品で述べられている論点の分析方法について紹介します。この分析では、公平性を客観的・定量的に把握するために、先行研究・文献を参照して設定した7つのカテゴリー35の論点について原子力の賛成派と反対派が対称となるように同数の見解（計70）を配置した表を作成し、各作品で述べられている見解を分類して入力する方法を採っています。設定した35の論点の一覧を表Bに、各論点に対する賛成／反対の見解を配した枠組みの一部を表C、全体のイメージを図Bに示します。中央から左右対称に、左側に賛成の見解を、右側に反対の見解を並べています。表の縦軸は年代順になっています。

表B 原子力小論文・作文における論点の分析で設定した項目

カテゴリー	項目
A,a) 施設の安全性	1. 安全性の確保
	2. 事故による死亡リスク
	3. 事故の社会的影響
	4. 過酷事故の確率
	5. 日本の技術
B,b) 放射性物質の管理	1. 放射線の種類
	2. 放射線の影響
	3. 身近な放射線利用
	4. 原発周辺の放射線量
	5. 情報の信用性
	6. 放射性廃棄物の処分方法
	7. 長期の管理
C,c) エネルギーの安定供給	1. エネルギー変換
	2. 日本の原発の発電割合
	3. 化石燃料の代替
	4. 自然エネルギーによる代替
	5. 国際情勢
	6. エネルギー自給率
	7. 枯渇性
	8. 将来性
D,d) 経済性	1. 経済発展上の役割
	2. 発電コスト
	3. 地域振興
	4. 電力不足問題
	5. 技術立国
E,e) 温暖化対策	1. 二酸化炭素削減
	2. リスクの相対評価
	3. 廃熱
F,f) 国家の安全保障	1. テロ対策
	2. 核武装オプション
G,g) 不公平性	1. 情報の不公平性
	2. 教育の不公平性
	3. 地域的不公平性
	4. 社会的不公平性
	5. 世代間の不公平性

表C　原子力小論文・作文における論点の分析で設定した項目

解説・補足説明

賛成の立場の論点と見解 ←					→ 反対の立場の論点と見解				
施設の安全性					施設の安全性				
A5	A4	A3	A2	A1	a1	a2	a3	a4	a5
日本の技術	過酷事故の確率	事故の社会的影響	事故による死亡リスク	安全性の確保	安全性の確保	事故による死亡リスク	事故の社会的影響	過酷事故の確率	日本の技術
日本の原発技術は優れており、チェルノブイリのような事故は起こりえない。	原発に過酷事故が起きる確率は極めて低いので、無視できる。	原発に過酷事故が起きても社会的な影響は軽微である。	原発事故による死亡リスク要因（喫煙、交通事故など）に比べて低い。	施設の耐震設計などにおける安全性は技術的に確保可能である。	原子力に絶対の安全はあり得ない。	原発事故による死亡者数は不当に低く見積もられており、関連死を含めた総数はもっと多い。	原発に過酷事故が起きれば社会的影響は甚大であり、そのような事態は許容できない。	小さな人為的なミスなどからも過酷事故は起こりうるので、確率は低くない。	日本の原発技術がとくに優れているということはなく、地震が多い日本では、過酷事故は起こりうる。

※各論点について、反意と位置づけられる既存の見解を配した。そのため、「賛成」と「反対」の見解が必ずしも完全に反意となる表現とはなっていない。

賛成の立場の論点と見解 ←	→ 反対の立場の論点と見解
G, F, E, D, C, B, A	a, b, c, d, e, f, g

↓ 年代順

各作品に述べられている見解が当てはまる場合に、一つずつ数を計上する。
複数の作品で同じ見解が述べられている場合は、足し合わせる。
左右対称にすることで、分布がばらけているか、あるいは偏っているかなどの特徴を把握しやすくした。

図B　原子力小論文・作文における論点の分析の枠組み（全体のイメージ）

● 分析の例（賛成の立場の見解）

・1979 年度高校生部門：最優秀賞
「原子力開発と国民の信頼」（岡山県、高 3）

（一部抜粋）
　事故も、それが人間の作ったものである以上、原発に限らず、何だって絶対安全なもののあるわけはありません。**A4** スリーマイル島の事故を取り上げたとしても、その起こる確率はほんとうにわずかなものです。
　もしそれを恐れるなら、私たちはどうやってその何千倍も危険な自動車や飛行機に乗ることができるでしょう。**A2** 確率からすれば、歩いている人が転んでけがするよりもその確率は低いのです。
　人間、事故を恐れて車に乗らぬわけにも、まして歩かないわけにもいきません。

→ 枠組み A4「原発に過酷事故が起きる確率は極めて低いので無視できる」
　　A2「原発事故による死亡リスクは日常の他のリスク要因（喫煙、交通事故など）に比べて低い」

● 分析の例（反対の立場の見解）

・1990 年度高校生部門：最優秀賞
「いまエネルギー・原子力について考える」（東京都、高 1）

（一部抜粋）
　原発事故は、自動車や飛行機などの事故とは違い、人間の生命の根源を狂わしてしまうものである。**b6** 原発は、事故という問題点の他に、未確立の、放射廃棄物処理問題、廃炉の処置など、多くのリスクを抱えている。
　チェルノブイリ原発事故の原因は、人為的ミスだったというが、**a4** もっとも誤りを犯しやすい要因は、原子炉を操作するのが人間だということだ。
　疲れてしまい、いやな日が続いたりすると、人はろくに物を考えもしないで行動し、誤りを犯す危険も大いにある。
　この様に、原発は、手放しで受忍し、使用できる程易しいものではない。

→ 枠組み b6「放射性廃棄物の最終処分や廃炉の方法が未確立のまま運転を続けるのは持続的でない（トイレなきマンション）」
　　a4「小さな人為的なミスなどからも過酷事故は起こりうるので、確率は低くない」

図 C　論文・作文コンクールの入賞作品における論点の分析例

解説・補足説明

　作品に述べられた論点の分析例を図Cに示します。「過酷事故の確率」の論点について、「スリーマイル島の事故を取り上げたとしても、その起こる確率はほんとうにわずかなものです」という見解は、賛成派のA4「原発に過酷事故が起きる確率は極めて低いので、無視できる」という見解に該当するものと判断しました。逆に、「チェルノブイル原発事故の原因は、人為的ミスだったというが、もっとも誤りを犯しやすい要因は、原子炉を操作するのが人間だということだ。疲れてしまい、いやな日が続いたりすると、人はろくに物を考えもしないで行動し、誤りを犯す危険も大いにある」という見解は、反対派のa4「小さな人為的なミスなどからも過酷事故は起こりうるので、確率は低くない」という見解に該当するものと判断しました。このような分析方法で論点と見解を抽出・分類し、結果をまとめたのが63ページの図❷です。

　なお、ここで分析対象としたのは、「原子力文化」という雑誌に掲載されたもの（つまり、入賞した作品の中で筆者たちが入手可能だったもの）だけであり、入賞した作品すべてではないことに留意してください。1990年代になって見解の数が増えているのは、雑誌に掲載された作品自体の数が増えたことも影響しています。

国の原子力と放射線に関する副読本の内容分析

　本書では、国の新・旧副読本から記述を引用して、その問題点を指摘してきましたが、筆者の研究室では、より客観的・定量的な分析も行いました。ここでは、その方法と結果の例をご紹介します。

　分析には、テキストマイニングという手法を用いました。テキストマイニングとは、文章をコンピュータにより単語やフレーズに分割し（自然言語解析）、それらの出現頻度や相関関係を分析することで、有用な情報の抽出、可視化をする方法です。国の新・旧副読本を対象に、KH Coderという樋口耕一氏が開発したソフトを使用して、分析を行いました。

主な手順は次の通りです。
①頻出語（150語）の抽出
②データの整形（複合語・不要語の指定）
③テキストデータ全体の共起ネットワーク図の作成（中心性、サブグラフ検出）
④自動的に分類されたクラスターごとのコーディングと各コードと関連する語、およびその共起割合の把握
⑤特定の語（「原子力」「放射線」）を中心とした共起ネットワーク図の作成（媒介性に基づくサブグラフ検出）

　分析結果の例として、旧副読本（小学生用）における、「原子力」との共起ネットワークの図を示します（図D）。共起ネットワークは、関連性の強い語の間のネットワークを示すもので、この図から、「原子力」と結びつきの強い語として「安全」があることがわかります。このことから、旧副読本では、原子力発電所の安全性が強調されていたことが裏付けられます。

　また、肯定的／否定的評価を示す「感性語句」をあらかじめ設定し、その出現回数を分析する「感性解析」も行いました。原子力や放射線に関して、これまでの主な論点を参考に、対語関係にある語句を10項目設定しました（表D）。

　これらの感性語句について、実際に文中での使われ方を確認し（例：肯定的評価の「安全」について、「安全ではない」などのように実際は反対の意味で使われていないかどうかをチェックする）、出現回数を計上しました。例えば、新副読本（小学生用）では、「放射線の評価」における肯定的評価の「利用」と否定的評価の「影響」の出現回数について、「利用」が18回なのに対し「影響」は8回であり、肯定的評価の語句の方が2倍以上多く出現していました。このようなことから、新副読本では、「放射線の他分野での利用性」の方が、「放射線の被ばくによる健康影響」よりも、強調して書かれている点を指摘できます。

解説・
補足説明

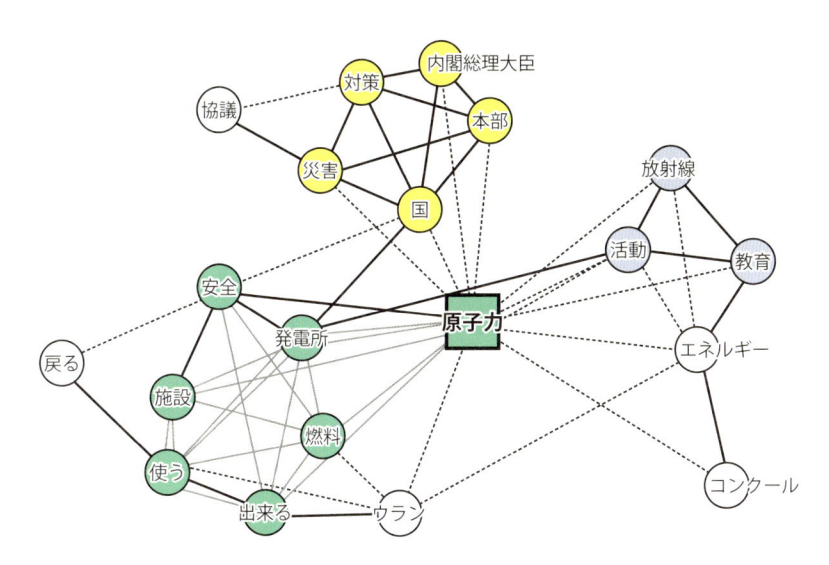

図D　旧副読本（小学生用）における「原子力」との共起ネットワーク

表D　設定した感性語句の対語のリスト

分　類	肯定的評価	否定的評価
安全・安心	安心	不安
	安全	危険
	対策	事故
放射線の評価	利用	影響
エネルギー供給	安定	不安定
環境問題	二酸化炭素	放射性廃棄物 （放射性物質を含む）
	地球温暖化	放射能汚染
その他 一般の感性語句	良い	悪い
	長所	短所
	正常	異常

注：「環境問題」の感性語句については、一般に原発の優位性を示す際に用いられる語句を肯定的評価に、劣位性を示す際に用いられる語句を否定的評価に分類して設定した。

判断力・批判力を育むためのメディア・リテラシー

　判断力・批判力を育んでいくためには、日常生活で接する可能性のある各種の環境メディアについて、冷静に読み解くための見方や知識を学ぶことが重要です。つまり、環境メディアに関するリテラシー教育の実践です。ここでは、メディア・リテラシーに関する分野の一部の内容と、批判的検討の具体例を示します。

　メディアには、人々にわかりやすく情報を伝えたり、関心を引いたり、発信者にとって都合のよい伝え方をしたりするために、いろいろな特性や工夫、テクニックなどが見られます。カナダ・オンタリオ州教育省（2008）は、図Eに示すような5つの鍵となる考え方を提示しています。また、メディアに使われる工夫やテクニックとして、チャルディーニ（1988）やプラトカニス&アロンソン（1997）などで指摘されている主なものを例示したのが図Fです。

　原子力に関するさまざまなメディアを見る際に、これらの点に注意すると、いろいろな特徴が見えてくるでしょう。例えば、61ページの図❷で紹介した、旧副読本における火力発電と原子力発電の比較では、「⑦おとり」（二酸化炭素の排出量という視点で比較することにより、原発が環境に優しいという認識に導く）、「⑧事実もどき」（使い終わったウラン燃料について、核燃料サイクルは国内で完全稼働していないにもかかわらず、「リサイクルできます」と表現することで、問題なく実現しているかのように認識してしまう）などの工夫・テクニックを指摘できます。

　この他、原子力に関する過去のテレビコマーシャルやインターネット番組などを注意深く見てみると、「②好意」としての芸能人の起用、「③権威」としての専門家の起用、「⑨注意の散逸」としての楽しげなバックグラウンド・ミュージック（BGM）の使用など、たくさんの工夫・テクニックを指摘できることがわかるでしょう。

　このような分析を通じて、環境メディアの伝える情報を冷静に、批判的に読み解くことのできる力を身につけていってほしいと思います。

> **カナダ・オンタリオ州教育省 (2008) が示した、5つの鍵となる考え方**
>
> 1. すべてのメディアのメッセージはつくられたものである
> 2. メディアは短く価値のあるメッセージを含む
> 3. メッセージの解釈は個人によって異なる
> 4. メディアは特別の関心—商業的、思想的、政治的—をもっている
> 5. 各メディアは独自の言語、形、様式、技術、慣習、美をもっている

図E　カナダ・オンタリオ州教育省 (2008) が示した，メディア・リテラシーに関する5つの鍵となる考え方

> ① **社会的証明**
>   多くの人が認めているものを受け入れやすい。（例：全米 No.1）
> ② **好意**
>   自分にとって魅力的な人物の言動は受け入れやすい。（例：芸能人の起用）
> ③ **権威**
>   専門家の言動に説得されやすい。（例：○×大学△□教授の起用）
> ④ **希少性**
>   なかなか手に入りにくいものに魅力を感じてしまう。（例：限定○×個）
> ⑤ **イメージによるアジェンダ（議題）設定**
>   メディアがより多く取り上げる議題が、日常生活でより重要だと考えてしまう。
> ⑥ **アナロジー**
>   似たような事例を出されると、同じような展開になると考えてしまう。
> ⑦ **おとり**
>   比較することで、良くも悪くも見える。
> ⑧ **事実もどき**
>   ウソの情報でも、社会的な現実性をつくりだす。
> ⑨ **注意の散逸**
>   メロディをつくったりすることで、注意深い思考を妨げられる。
> ⑩ **恐怖アピール**
>   脅されるほど、望ましい予防行動をとる傾向がある。

図F　メディアに使われる工夫やテクニックの例

おわりに

「賢明な懐疑は、よい批判の第一の属性である。」
ジェームス・ラッセル・ローウェル（1819～1891年）

　2011年3月に起きた東京電力福島第一原子力発電所の過酷事故による放射能汚染により、"減思力"を痛感したのは、私自身でした。筆者は、2001年から福島大学で環境計画研究室を担当していますが、福島県における原発の問題に正面から取り組んでこなかったこと、放射能汚染という「最悪の環境問題」の一つを未然に防げなかったことを、大いに反省しました。
　もちろん、福島第一原発の事故の第一義的な責任は、これまで原発を推進してきた側（国、東京電力、関連事業者、推進派の原子力専門家、福島県の地元自治体など）にあります。しかし、原発事故の100％被害者といえるのは、従来から反原発の立場をとってきた人だけです。その他の人は、原発の推進あるいは容認に加担したという意味で、何らかの責任があります。
　筆者は、立場としては、学生時代からこれまで一貫して反原発の立場をとってきました。エントロピー学派の捉え方に共感し、自身の研究の視点や講義の内容にも一部取り入れてきました。その際、公平性に配慮しつつ、原発の問題点を指摘する、という方法を採ってきました。環境問題における「情報操作性」についても注意を喚起してきました。しかし、福島大学の研究者として、福島県に立地する原発における過酷事故の発生に切実な危機感をもって取り組んできたかと問われれば、否と言わざるをえません。
　例えば、「環境計画論」という講義科目では、環境リスクを相対的に捉える観点から、二酸化炭素と放射性廃棄物の危険性を比較して、二酸化炭素の削

減手段として原発を位置づけることの問題点を指摘してきましたが、十分に掘り下げてはきませんでした。また、「地域環境調査法」という実践科目では、福島県内のエネルギー関連施設の現地調査を行ってきましたが、風力や地熱、雪氷冷熱などの自然エネルギー利用施設を対象とする一方で、原発については調査対象から外してきました。それは、当時の状況では、例え中立的に扱ったとしても、原発のPR館を見学したりすることで、学生たちが原発推進側に洗脳されてしまうことを危惧したからでした。つまり、原発の問題は認識していましたが、正面から取り組まずに、避けてきた側面がありました。

　自らのそのような姿勢を反省して、福島第一原発の事故後は、原発問題についての教育、研究、社会貢献活動に取り組んできました。なぜ日本ではこれまで「原発推進」あるいは「原発容認」が大勢を占める世論が形成されてきたのか、なぜ国民の公正な判断力が低下させられてきたのか、その理由を明らかにする作業に取り組みました。中心となる学問分野は「環境教育」および「環境メディア」で、主なキーワードは「公平性」です。

　この副読本でも取り上げたように、原子力に関する公的なコンクールや国の副読本の内容について、公平性を検証する作業を行ってきました。証拠となるような入賞作品や副読本が次々と回収されたり、ウェブサイトから削除されたりする中で、それらを記録し、検証する作業に取り組みました。検証作業の結果、明らかに原発推進側に偏っていたという不公平性（あるいは不公正さ）を確認しました。そこには、人々の考え方を原発推進側に誘導するために、露骨な、あるいは巧妙な仕掛けが随所にあることもわかりました。

　その中心的な道具と位置づけられるのが、国の副読本でした。筆者は、恥ず

かしながら、福島第一原発の事故前には、副読本の存在を知っている程度で、内容をじっくりと見たことはありませんでした。事故後に改めて見た旧副読本の不公平性に驚愕し、その重大さを見過ごしていたという点を大いに反省しました。そして、旧副読本の本質的な問題点が十分改善されないまま発行された新副読本に強い危機感をもったことが、独自の福大研究会版副読本を作成するきっかけとなりました。「"減思力"の教訓から学ばねばならない」「再び大量の洗脳教育が開始されることを何とか阻止したい」との気持ちから、文部科学省の副読本に抗するための道具として一人でも多くの人に役立ててもらえればと願って、福大研究会版副読本を作成しました。文部科学省の新副読本は、2億7700万円の予算を使って、1400万冊が配られたとされます（『東京新聞』2012年4月28日記事より）。それに比べれば、私たちの副読本はきわめて微力ですが、お読みいただいた方からは、おかげさまでたくさんの支持をいただいています。

　全国の市民の方々や、福島県教職員組合や神奈川県A自治体の教職員組合など学校教育現場の先生方、議員の方などから、教材としての使用や、勉強会などでの使用をお申し出いただきました。いくつかの新聞や雑誌にも取り上げていただきました。

　福島県教職員組合からは、2012年4月の福島県教育新聞で紹介していただくなど、いち早く支持していただきました。また、福岡県のB自治体では、市民の方が、文部科学省の新副読本の問題点について教育委員会へ説明する際に、私たちの副読本を使ってくださいました。その結果、文部科学省の副読本は回収され、市内の学校すべてに「文部科学省の副読本は、子どもへ配布しない。使用するにあたっては、必ず事前に教員への研修を行う。」という指示を

徹底させてもらうことができたそうです。鳥取県C自治体の教育委員会からも、「独自の指導資料づくりの参考に、福大研究会版副読本を使いたい。」とお申し出をいただきました。大阪府D自治体の教育委員会からも、独自に作成された指導資料の中で、福大研究会版副読本を参考にしていただくとともに、一部資料を引用していただきました。このように、全国の教育関係者の方々による具体的な取り組みに役立てていただけたことが、筆者にとって何よりの励みとなりました。

　市民の方からは、文部科学省の副読本を差し止めたいけれども、「どのようなことを学ぶべきか」について説明できるような、まとまった資料がなかった中で、福大研究会版副読本がとても役に立ったとおっしゃっていただきました。文部科学省の副読本のどこがおかしいかを指摘しているので、「もやが晴れるようだった」「すっきりした」「感動した」などの感想をいただきました。福島第一原発の事故と同じような事態を再び招かないためにも、まずは福大研究会版副読本を読み、伝えることが大事だと受け止めていただいて、筆者としてもたいへんありがたく、心強く思っています。

　福大研究会版副読本における公平性については、ドイツの副読本のことが念頭にあったため、扱う内容や表現では、できるだけ公平性に配慮しました。例えば、社会的意思決定についても、「脱原発をすべきだ」と断定する意見は書きませんでした。文部科学省の副読本に対抗しながらバランスをとるのには苦労しましたが、次のように、公平性を評価する声もお寄せいただいたことには励まされる思いでした。

「公平な立場から書かれていると思います。(中略) 政府や大メディアの発表する翼賛記事には眉につばをつけつつ、書店に並ぶ反原発本の論調には辟易し、中道なる議論やその元になる資料がほとんど有りませんでした。久しぶりに良い本を読ませていただきましてありがとうございました。」

　公平性への配慮に加えて重要なのは、やはり判断力・批判力の育成です。巧妙に仕組まれた意図的な操作を見抜けるようになるには、子どもの頃からの教育が重要だと思います。筆者は、小学生を対象とした福島市の環境教育事業「ふくしまエコ探検隊」の講師を2001年度から担当していますが、2012年度には初めて、小学生向けのメディア・リテラシーを学ぶ企画を考案し、実施しました。100～101ページで示したように、メディアで使われる工夫やテクニックについて分析する内容です。原子力に関して、小学生でも日常的に接する可能性が高いメディアとして、テレビコマーシャル、インターネット・コンテンツ、国の副読本、原子力ポスターを取り上げ、分析しました。62ページでも取り上げた、原子力を賛美するポスターを見せた際に、子どもたちが「あり得ない!」と言ったことが、私の心に刺さりました。子どもたちを洗脳から守り、判断力・批判力を育成することは、私たち大人の責任です。
　2012年7月5日に、東京電力福島原子力発電所事故調査委員会(国会事故調)の報告書が公表されました。国会事故調の報告書に書かれている内容の骨子は、福大研究会版副読本の骨子とも符合します。国会事故調の報告書では、冒頭に「福島原子力発電所事故は終わっていない」と書かれ、「今回の事故は「自然災害」ではなくあきらかに「人災」である」と明記されています。ま

た、原子力教育や広報の問題について、同委員会の崎山比早子委員は、次のように指摘しています。

「原発建設がすすめられた背景には政治、経済、学校教育、メディアも含めた社会教育、司法の責任など多くの要因が重なってある。特に調査をしながら本調査報告書に盛り込めなかった原子力教育の問題は、文部科学省の教科書検定制度も含めて検証されなければならない。」

この崎山委員の指摘に、筆者は大いに共感しています。本書の内容が、その検証作業の一部を担うことができればと願っています。

本書の副題にある「科学的・倫理的態度」について、今回の福島第一原発の教訓から求められるのは、「不確実な問題に対しては、より謙虚さをもつ」という科学的態度と、「(功利主義的な) リスク評価が、加害—被害の問題構造において、加害者側に加担しないようにする」という倫理的態度ではないでしょうか。

今後の日本のエネルギー政策をどうするのか、私たちの社会的意思決定が求められていますが、浪費を前提とした上でいかにエネルギーを確保するかに苦慮するのではなく、私たち自身がいかに変われるか、を考えることが大切だと思います。筆者が好きな言葉に、ウィリアム・リースというカナダの環境指標の研究者が言った、こんな言葉があります。

「持続可能性には、資源をマネジメントすることから、私たち自身をマネジメントすることに焦点を移すことが求められている (Sustainability requires that our emphasis shift from managing resources to managing ourselves)。」

マネジメントすべき対象は何なのか？　エネルギー資源そのものよりも、それを使う私たち自身ではないか？　この言葉は、その問を投げかけています。今の日本にも、まさに問われていることだと思います。"減思力"を克服することで、望ましい意思決定ができる日がくることを期待しています。

　この副読本は、同僚である福島大学放射線副読本研究会のメンバーの協力がなければ、発行することはできませんでした。私たちの活動は、福島大学の中では必ずしもよい目では見られていませんが、陰に陽にさまざまな圧力がかかる中で、問題意識を共有し、原発事故以降共に活動してきた、同研究会および福島大学原発災害支援フォーラム（FGF）のメンバーに、感謝の意を表したいと思います。そして、FGFの活動に賛同していただき、多大なご支援を賜った東京大学原発災害支援フォーラム（TGF）の島薗進先生、影浦峡先生に、心より御礼申し上げます。

　また、本書の内容について有意義なアドバイスをしてくださった全国の方々にも、感謝致します。さらに、私たちの副読本の意義を認めてくださり、本書の帯に力強い推薦文を書いてくださった雁屋哲氏に、厚く御礼申し上げます。最後に、筆の遅い筆者を辛抱強く待っていただき、美しく再編集・装丁をして、より多くの方々に福大研究会版副読本を読んでいただける機会を与えてくださった、坂上美樹氏をはじめとする合同出版の方々に、御礼を申し上げます。

2013年3月

　　　　　　　　　　　　　　　　　　　　　　　　　　　　　　後藤　忍

巻末資料

I 「小学生のための放射線副読本」
II 「中学生のための放射線副読本」

(2011年10月文部科学省発行)

放射線について考えてみよう

小学生のための放射線副読本

I 「小学生のための放射線副読本」

目次

- 放射線って、何だろう？ .... 3〜6
- 放射線は、どのように使われているの？ .... 7〜8
- 放射線を出すものって、何だろう？ .... 9〜10
- 放射線を受けると、どうなるの？ .... 11〜12
- 放射線は、どうやって測るの？ .... 13〜14
- 放射線から身を守るには？ .... 15〜16
- 放射線についての参考Webサイト 17

はじめに

平成23年3月11日に発生した東北地方太平洋沖地震（マグニチュード9）によって東京電力(株)福島第一原子力発電所で事故が起こり、放射線を出すものが発電所の外に出てしまいました。

放射線の影響を避けるために、この発電所の周りに住む方々が避難したり、東日本の一部の地域で水道水や食べ物などを飲んだり食べたりすることを一時的に止められたりすることがありました。

このようなことから、放射線についての疑問や不安を感じている人が多いと思い、放射線について解説・説明した副読本を作成しました。

この副読本では、放射線が身近にあることや色々なことに利用されていること、放射線による人体への影響、放射線の測り方や放射線から身を守る方法などについて紹介しています。

放射線って、何だろう？

これは、何を写していると思う？

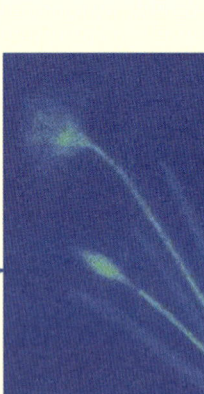

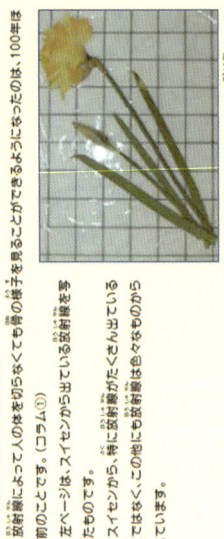

112

「放射線」は、昔から身の回りにあるのですが、見たり触れたりできず、匂いも無いため、その存在を長い間知られていませんでした。
放射線によっては人の体をつきぬけることができるようになったのは、100年ほど前のことです。（コラム①）
左ページは、スイセンから出ている放射線を写したものです。
スイセンから、特に放射線がたくさん出ているわけではなく、この他にも放射線は色々なものから出ています。

左ページは、このスイセンから出ている放射線を写したもの

コラム① 偶然から発見された放射線

ドイツのレントゲン博士は、ガラス管を使った実験をしている時、黒い紙で管を覆っていても蛍光板が光ることを1895年に発見しました。
光らせたのは、ガラス管の中から見えない光が出ているためと考え、これを不思議な線という意味でエックス線と名付けました。
この発見により、博士は第1回のノーベル物理学賞を受賞しました。
エックス線を使ったレントゲン撮影やレントゲン写真の「レントゲン」は、エックス線を発見した人の名前から付けられています。

ヴィルヘルム・コンラート・レントゲン（1845-1923）
左の写真は、手と指輪のエックス線（レントゲン）写真

放射線って、何だろう？

身の回りの放射線

放射線は、宇宙や地面、空気、そして食べ物からも出ています。また、皆さんの家や学校などの建物からも出ています。
目に見えていなくても、私たちは今も昔も放射線がある中で暮らしています。

宇宙から

空気から

地面から

食べ物から

放射線って、どんなもの？

放射線は、太陽や電灯から出ているところの光のようなものです。
薄いてびらを明るいところでかざして見ると、花びらが透けて光が見えます。これは、薄いびらを光が通り抜けるからです。
光と放射線の違いは、放射線が光よりも「もの」を通り抜ける働きが強いことです。

光と同じように、放射線も身の回りにあります。

光

放射線

放射線

地面

調べてみよう

● 放射線は、色々なところから出ています。放射線がどのようなところから出ているか調べてみよう。
● 場所によって、放射線が多いところと少ないところがあります。

巻末資料 113

放射線は、どのように使われているの？

放射線は、私たちの暮らしの中で利用され、身近なところでは病院などがあります。
この他、ものを作ったり、ものの中身を調べたりすることなどにも利用されています。

● もの(材料)を通り抜ける働きを利用

放射線を使って、人体を切らずに骨や関節などの様子を見ることができることから、病院ではエックス線(レントゲン)撮影を行うことがあります。
画像の白黒の影でその様子を確認することができます。

これは、エックス線という放射線が使われており、放射線に「ものを通り抜ける働き」があるからです。

この他、仏像の中の様子を調べることもできます。

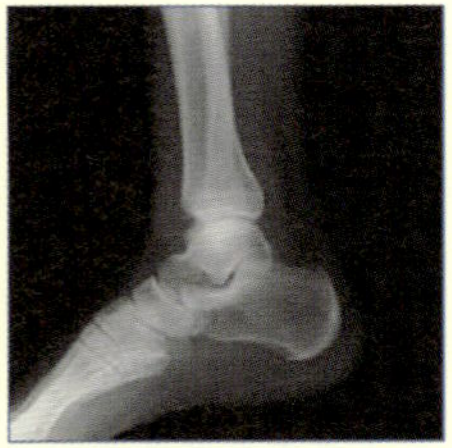

どこが折れているか、分かるかな？
(答えは14ページ)

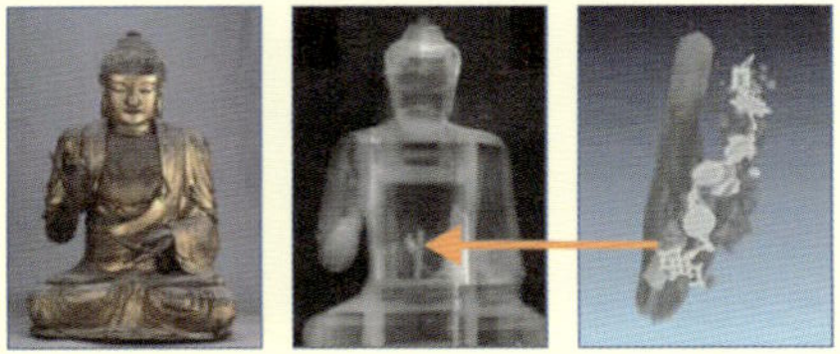

仏像の内部のようなものが見えるよ

● もの(材料)を強くする働きを利用

放射線を使って、強くて丈夫なゴムを作ることができることから、自動車のタイヤなどに利用されています。
これは、放射線に「もの(材料)を強くする働き」があるからです。
この他にも、ビート板やお風呂のマットなどを強くすることにも利用されています。

丈夫にしたゴム使った自動車のタイヤ

● 細菌を退治する働きを利用

放射線を使って、周囲の付いていないきれいなものにすることができることから、病院で使う注射器などに利用されています。
これは、放射線に「細菌を退治する働き」があるからです。
この他、食品を入れる容器をきれいにすることにも利用されています。

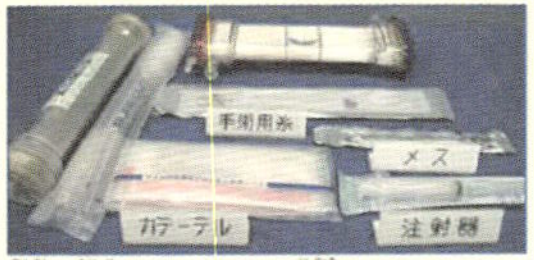

細菌を退治し、きれいにした医療品

● 調査や研究に利用

放射線を使って、色々な調査や研究が行われています。
エックス線天文衛星「すざく」では、宇宙のかなたから飛んで来る放射線を観測して宇宙の謎の解明に利用しています。

宇宙の謎に迫るエックス線天文衛星「すざく」
(イメージ図)

●●● 調べてみよう

放射線は、色々なことに利用されています。放射線がどのように利用されているか調べてみよう。

7

8

― 5 ―

114

放射線を出すものって、何だろう？

放射線を出すものと放射線

放射線は、植物や岩石など自然のものや、エックス線を出す装置などが作り出したものからも出ています。しかし、色々なものからも出ていることが知られる以前は、放射線がウランを含むものから出ていることぐらいしか知られていませんでした。

放射線がなぜウランをなどの中から出ているのかを解き明かしたのが、ウランを含むものから初めて「放射線を出すもの」(コラム②)を取り出したキュリー夫妻でした。

その後、放射線を出すものには、色々な種類があることがわかってきました。

「放射線を出すもの」は、放射性物質と呼ばれ、植物や岩石など自然のものにもふくまれています。放射性物質を電球に例えると、放射線は光になります。

　　　　　電球
　　　　　　　…放射性物質
　　　　　　　…放射線
　　　　　　　光

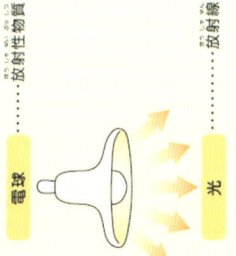

コラム② 放射性物質を取り出した人

フランスのキュリー夫人は、夫とともに放射性物質を取り出すために実験を行い、1898年、ウランを含む石から二つの放射性物質を取り出すことに世界で初めて成功し、一つを夫人の生まれた国であるポーランドからポロニウム、もう一つを放射線の出るウラン語であるラジウムと名付けました。

これにより、キュリー夫妻は、ノーベル物理学賞を受賞しました。

マリー・キュリー(1867-1934)と
ピエール・キュリー(1859-1906)

放射性物質の変化

放射性物質は、放射線を出して別のものに変わる性質をもっています。元の放射性物質は、時間がたつにつれて減っていき、その減り方は、放射性物質の種類によって違います。

◆ 放射性物質の変化の考え方 (1か月後に放射性物質の個数が半分になる例)
　ここでは、例ならないものとします。

● 元の放射性物質
● 放射線を出して変わった(別のもの)。放射線を出していないものとします。

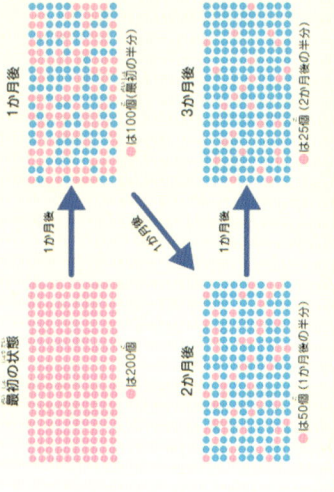

最初の状態
　　　　　1か月後
　　　　　　　　　→ 1か月後
　　　　　　　　　　　　(最初の半分)
　　　　　　　　　　　　は100個
2か月後　　　　　3か月後
は50個(1か月後の半分)　　は25個(2か月後の半分)

考えてみよう

始めに1000個ある放射性物質が4か月で半分の500個になる場合、1年たつと始めにあった放射性物質は何個になるか考えてみよう。(答えは14ページ)

巻末資料 115

放射線を受けると、どうなるの？

放射線の利用が広まる中、たくさんの放射線を受けてやけどを負うなどの事故が起きています。また、1945年8月には広島と長崎に原子爆弾（原爆）が落とされ、多くの方々が放射線の影響を受けています。
こうした放射線の影響を受けた方々の調査から、どのくらいの量を受けると人体にどのような影響があり、どのくらいの量までなら心配しなくてよいのかが次第にわかってきています。

放射線の影響を測る単位

長さや重さには、それぞれ大きさを表す単位がありますが、長さはメートルやセンチメートル、重さはキログラムなどです。
放射線は、どのくらいの量を受けると人体にどのような影響があるか、ある単位を用いて表すことができ、その単位は、シーベルトといい、シーベルトの前に ミリやマイクロを付けたミリシーベルトやマイクロシーベルトを用いて表しています。
長さを表す単位の「1メートル=100センチメートル」と同じように「1シーベルト=1000ミリシーベルト」です。
マイクロは非常に小さい時に使い、1ミリシーベルトは1000マイクロシーベルトとなります。

- 1メートル=100センチメートル=1000ミリメートル
- 1シーベルト=1000ミリシーベルト
- 1ミリシーベルト=1000マイクロシーベルト

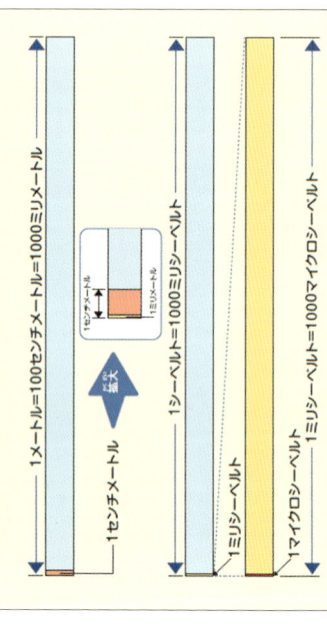

自然から受ける放射線の量

日本では、地面や食べ物などの自然から1年間に受けている放射線の量は、一人当たり約1.5ミリシーベルトです。

- 宇宙から 0.3ミリシーベルト
- 地面から 0.4ミリシーベルト
- 空気から 0.6ミリシーベルト
- 食べ物から 0.2ミリシーベルト

出典：(社)原子力安全研究協会「生活環境放射線」（1992年）より作成

身近に受ける放射線の量と健康

私たちは、自然にある放射線や病院のエックス線（レントゲン）撮影などの影響によって受ける放射線の量で健康的な暮らしができなくなるような心配をする必要はありません。
これまでの研究や調査では、たくさんの放射線を受けるとやけどを負ったりがんなどの病気になったりすることが確認されています。
がんは、一度に100ミリシーベルト以下の放射線を大人が受けた場合も、放射線だけを原因としてがんなどの病気になったという明確な証拠はありません。
しかし、がんなどの病気は、色々な原因が重なって起こることもあるため、放射線を受ける量はできるだけ少なくすることが大切です。

◆がんなどの病気を起こす様々な原因

- 遺伝的な原因
- ウイルス・細菌・寄生虫
- 働いている所や住んでいる所の環境
- 食事・食習慣
- たばこ
- 放射線・紫外線など
- 酒
- 年を取る

出典：(社)日本アイソトープ協会
「改訂版 放射線のABC」(2011年)などより作成

●●●考えてみよう●●●

絵を見て語し合うなどのために、どのようなことに心掛けたらよいかを考えてみよう。

放射線は、どうやって測るの？

放射線は、測定器を使って測ることができます。

学校内の色々な場所を測定器を使って測ってみると、場所によって放射線の量が違うことが分かります。

例えば、学校の教室や体育館などでは、石碑の周りで測った放射線の量に比べ、石碑の中に放射性物質が多く含まれているからです。ことがあります。これは、石碑の中に放射性物質が多く含まれているからです。

また、水の入ったプールの上で測ると、他の場所より放射線の量が低くなることがあります。これは、プールの水に含まれる放射性物質が地面に比べてとても少なかったり、プールの底から出ている放射線を水が遮ったりするからです。

このように、放射線の量は場所によって違います。

●●●調べてみよう●●●
文部科学省は、学校に放射線測定器（はかるくん）を貸し出しています。はかるくんを使って学校の中や身の回りを測ってみよう。

身の回りの放射線を測ってみよう。

測定器で放射線を測っている。

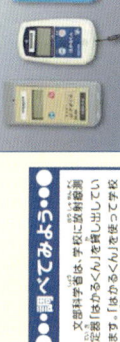

色々なタイプのはかるくんがあるよ。

普段から放射線の量を調べる

放射線や放射性物質は、どのくらいあるかを調べることができることから、一部の放射性物質を利用している施設の周りでは放射線の量を測ることにより放射性物質が外に漏れていないかを調べていて、その情報は公開されています。

見ることもできるよ。

霧箱の中から何本かの飛行機雲のようなものが見えますよね。これは、放射線が通った跡です。（放射線の通った跡を見る道具を「霧箱」といいます）

海の水も調べているよ。

個人線量計

放射性物質を利用している施設で働く人たちは、個人線量計を身に付けて受けた放射線の量を測っています。また、受けた放射線の量を知りたい時に調べられます。

7ページの答え

折れているところ

10ページの答え

答え 125個

4か月後に半分になるので、500個が次の4か月後（始めから8か月後）には半分の250個に、次の4か月後（始めから12か月後）には半分の125個になり、1年後（始めから12か月後）に250個の半分の125個になります。

放射線から身を守るには？

事故の時に身を守るには

放射性物質を利用している施設の事故によって、放射性物質が風に乗って飛んでくることがあります。この事故に備えて、放射線を受ける量を少なくする方法があります。一つは放射性物質から離れること、もう一つは放射線を受ける時間を短くすること、そして放射線を出しにくい物（コンクリートなど建物）の中に入ることができることです。放射性物質が建物の中に入ってくるのを防ぎ、外から空気を取り込むエアコンや換気扇などの使用を控えるようにドアや窓を閉めることにより、放射性物質が外に付かないようにすることができ、身体に付いた放射性物質を洗い流すことができます。

体の中から受けることから身を守るためには、体の中に放射性物質が入らないようにマスクをしたりする対策を取ることが大切です。放射性物質が外から人の口から入ったりしないよう食べ物などに気を付けたりするなど対策を取ることが大切です。

なお、体の中から受ける影響を受けたとしても、人が放射線を出すようになることはなく、かぜのように人から人に伝染することはありません。

放射線から身を守る方法
① 放射性物質から離れる
② 放射線を受ける時間を短くする
③ コンクリートなどの建物の中にいる（木造よりもコンクリートの方が放射線を遮ります）

放射性物質から身を守る方法
・空気を遮断し吸い込まない
（マスクやハンカチで口元をふさぎます）
・決められた量以上の放射性物質の付着しているかの可能性があるとして制限された食べ物や飲み物は取らない

事故が起こった時の心構え

放射線を使っている施設で事故が起こった時、施設の周りへの影響が心配されるに対しては、市役所、町村の役場、あるいは県や国から避難などの指示が出ます。この時の指示に基づいて、学校から児童や保護者に指示が伝えられることがあります。

その際、ろうかなどに集まらせず、落ち着いて行動することが大切です。
事故の状況に応じて、指示内容は変わってくるので注意することが必要です。

また、雨助かりなどで換気扇などを使用することに落ちないでも、空気中に含まれるのが少なくなって、このように、事故は防げるようにもなります。それまでの対策を続けていくもないなります。

退避・避難する時の注意点

正確な情報を基に行動する
- エアコン外からの空気を取り込むものの使用を控える
- 一斉放送、広報車、ラジオ、防災無線など

退避
- 外から帰ってきたら手を洗う
- 水道水より容器が入ったコンクリートの建物への避難
- 食品を持って出たら容器やラップをかぶせる

避難
- 避難場所へは徒歩で
- 戸締まりをしっかりかける
- ガスや電気を消す
- 持ち物を少なく
- 避難所を知らせる

話し合ってみよう

退避と避難は、どちらも放射性物質から身を守ることであり、「避難」は市や町や国から指定された建物の中に入ること、「避難」は指定された場所や別の場所に移動することです。

退避と避難をする時、どのようなことに気を付けたらいいか、学校や家庭で話し合ってみよう。

放射線についての参考Webサイト

放射線の人体への影響など

- **(社)日本医学放射線学会**◆
  http://www.radiology.jp/
- **日本放射線安全管理学会**◆
  http://wwwsoc.nii.ac.jp/jrsm/
- **日本放射線影響学会**◆
  http://wwwsoc.nii.ac.jp/jrr/
- **(独)放射線医学総合研究所「放射線Q&A」**◆
  http://www.nirs.go.jp/

放射線の食品への影響など

- **食品安全委員会**◆
  http://www.fsc.go.jp/
- **厚生労働省**◆
  http://www.mhlw.go.jp/
- **農林水産省**◆
  http://www.maff.go.jp/
- **消費者庁「食品と放射能Q&A」**◆
  http://www.caa.go.jp/jisin/pdf/110701food_qa.pdf

環境放射能など

- **文部科学省「放射線モニタリング情報」**◆
  http://radioactivity.mext.go.jp/ja/
- **文部科学省「日本の環境放射能と放射線」**◆
  http://www.kankyo-hoshano.go.jp/kl_db/servlet/com_s_index

著作・編集

放射線等に関する副読本作成委員会

[委員長]
中村 尚司　東北大学名誉教授

[副委員長]
鶴田 隆雄　静岡大学教育学部教授

[委員]
飯本 武志　東京大学環境安全本部准教授
稲垣 和江　京都医療科学大学医療科学部教授・社団法人日本医学放射線学会
甲斐 倫明　大分県立看護科学大学看護学部教授・日本放射線影響学会
高田 太樹　中野区立中野中学校主任教諭・全国中学校理科教育研究会
永野 祥子　世田谷区立桜丘中学校主幹教諭・全日本中学校長会・東京私科研究会
野村 泊本　長崎大学教育学部教授
藤本 登　長崎大学教育学部教授
諸葛 宗男　西東京市立中町小学校校長・全国小学校理科主任教諭
安江 礼子　東京都立立川国際中等教育学校主幹教諭・日本理化学協会
米原 英典　独立行政法人放射線医学総合研究所・放射線防護研究センター・規制科学研究プログラムリーダー
渡邊 美智子　茨城県土浦市立山ノ荘小学校教諭・全国小学校理科研究会協議会

(敬称略・五十音順)

監修

社団法人日本医学放射線学会
日本放射線安全管理学会
独立行政法人放射線医学総合研究所

(五十音順)

写真提供・協力

独立行政法人宇宙航空研究開発機構 (JAXA)、財団法人環境科学技術研究所、九州電力株式会社、京都大学医学部附属病院、株式会社千代田テクノル、東北放射線科学センター、公益財団法人日本科学技術振興財団、財団法人日本分析センター

(敬称略・五十音順)

発行

文部科学省
〒100-8959
東京都千代田区霞が関3-2-2

平成23年10月発行

知ることから始めよう 放射線のいろいろ

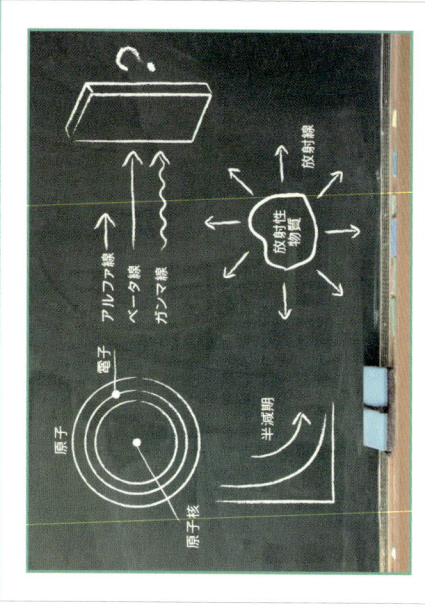

II 「中学生のための放射線副読本」

はじめに

平成23年3月11日に発生した東北地方太平洋沖地震（マグニチュード9）によって東京電力(株)福島第一原子力発電所で事故が起こり、放射性物質（ヨウ素、セシウムなど）が大気中や海中に放出されました。

この発電所の周辺地域では、放射線を受ける量が一定の水準を超える恐れがある方々が避難することになり、東日本の一部の地域では、水道水の摂取や一部の食品の摂取・出荷が制限されました。

このようなことから、皆さんの中にも、放射線への関心や放射線による人体への影響などについての不安を抱いている人が多いと考え、放射線について解説した副読本を作成しました。

この副読本では、放射線の基礎知識から放射線による人体への影響、目的に合わせた測定器の利用方法、事故が起きた時の心構え、さらには、色々な分野で利用されている放射線の一面などについて解説・説明をしています。

目 次

- 不思議な放射線の世界 ……………………… 3～4
- 太古の昔から自然界に存在する放射線 …… 5～6
- 放射線とは ……………………………………… 7～8
- 放射線の基礎知識 …………………………… 9～10
- 色々な放射線測定器 ………………………… 11
- コラム 放射線・放射能の歴史 …………… 12
- 放射線による影響 …………………………… 13～16
- 暮らしや産業での放射線利用 ……………… 17～18
- 放射線の管理・防護 ………………………… 19～20
- 放射線についての
  参考Webサイト ……………………………… 21

不思議な放射線の世界

植物からの放射線を写し出す

左の画像は、スイセンから出ている自然放射線を写したものです。
色の明るい部分は、スイセンの中に含まれるカリウム40※によるものです。色の明るい部分ほど放射線が多く出ていることを示しています。
画像は、放射線を受けると蛍光を発する物質を塗った特殊な板にスイセンを置くなどして、外部からの自然放射線を遮る鉛の厚い箱の中に数日からひと月程度入れておくと、カリウム40からの自然放射線が自目塗り板に写し出されます。
なお、カリウムは、生物が生きていくために重要な元素で、植物や動物に含まれています。

※カリウムの中には、放射線を出すカリウム40とよばれる物質が微量に含まれています。

水などの動きの研究に利用されている中性子線

右の写真は、ユリに中性子線を当てて写したものであり、白い部分は、ユリの中に含まれている水を写しています。
植物がどのように水を吸収して成長するかなどの研究に利用されています。
エンジン内部の燃料や潤滑油の動きの様子や金属容器内の液体や燃料電池の中の水素など、水の動きなどの研究に利用されています。

エックス（X）線で新たな発見

長崎市のお寺にある仏像の中に金属製の「五臓（内臓）」が発見されました。これは、エックス（X）線を用いたことにより仏像を壊さずに内部を見ることができたからです。

CT画像の進歩による3次元立体画像（3D）

CT（コンピュータ断層撮影）では、放射線を利用して体の断層撮影を行います。
これまでは、体を断面画像（幅切りなど）として見るだけでしたが、最近は、画像処理技術の向上によって立体的で鮮明な画像を得ることができます。
右の写真の青い部分は、人工血管を表しています。立体的な画像を見ることにより、人工血管の様子を確認することができます。

人の腎臓周辺の立体画像

ココがポイント

放射線は、そのままでは目で見ることはできませんが、私たちの身のまわりのどこにでも存在し、また、身近な色々な分野で利用されています。

太古の昔から自然界に存在する放射線

宇宙から

宇宙は、今からおよそ137億年前のビッグバンによって生まれたと考えられています。
私たちの住む地球は、そのビッグバンから90億年ほどたった46億年ほど前に誕生しました。
この宇宙には、誕生当時からたくさんの放射線が存在し、今でも常に地球に降り注いでおり、これを宇宙線といいます。
宇宙線は、地上からの高度が高いほど多く受けます。例えば、標高の高い山の上では、平地に比べて大気中の空気が薄くなるため、宇宙線を遮るものの力が少なくなり、平地よりも多く受けます。

大地から

46億年ほど前に誕生した地球の大地にも放射性物質が含まれており、こうした環境の中で全ての生き物は生まれ、進化してきました。
大地では、岩石の中などに放射線を出すもの（放射性物質）が含まれています。放射線の量は、岩石に含まれる放射性物質の量によって変わります。例えば、イランのラムサールやインドのケララ、チェルノブイリ（旧マヨルデンクラブ）といった地域では、世界平均の倍以上の放射線が大地から出ています。
日本でも関東地方より関西地方の方が自然放射線の量が高くなっています。これは、関西地方の方が大地に放射性物質を比較的多く含む花こう岩が多く存在しているからです。

ココがポイント

人類は、放射線が存在する自然の中で生まれ、進化してきました。私たちは、日常生活で放射線を浴びています。

空気から

空気には、主にラドン（岩石から微量に放出される希ガス）という放射性物質が含まれています。ラドンは世界中の大地から出ているため、石造りやコンクリートの壁からも放出しているので、石造りが多いヨーロッパでは、冬期などにこうした窓を閉めることが多く、日本に比べて室内のラドンの濃度が高くなっているといわれています。

食べ物から

食べ物には、主にカリウム40という放射性物質が含まれており、自然界にあるカリウムのうち0.0012%がカリウム40です。
カリウムは、植物の三大栄養素の一つといわれ、私たちは野菜などを食べることで体内にカリウムを取り込んでいます。
そのカリウムは、人間の体にも欠かせない栄養素であり、体重の約0.2%含まれています。

放射線とは

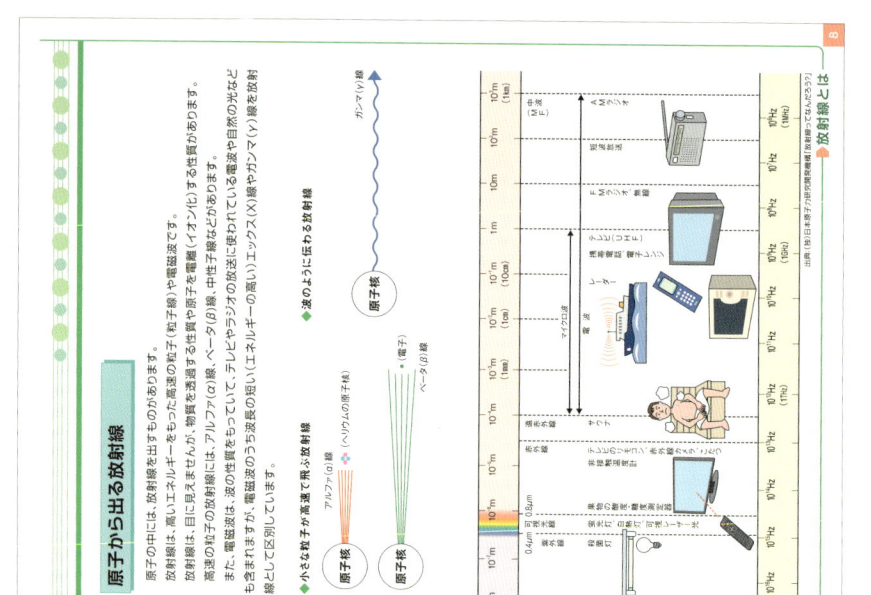

原子と原子核

全てのものは、原子からできています。
世の中には、およそ110種類ほどの元素があり、私たちの体や食べ物、空気、水、洋服、机など、どんなものも小さな原子が集まってできています。
原子は、その中心にある原子核と、その周りを動く電子からできており、原子核は、陽子と中性子でできています。
原子は、とてもとても小さく、原子の1億倍の大きさでようやく1光分の1cmになります。さらに小さく約1兆分の1cmの大きさしかありません。
原子核は、原子番号が同じでも中性子の数が異なる原子が存在する場合があり、これらを互いに同位体といいます。

※元素は、原子の種類、原子核の陽子の数(原子番号)で決まります。

物質 → 原子 → 原子核

◆電磁波のなかま

波長	
具体的な例	
周波数	

調べてみよう

放射性物質には、どのようなものがあるか調べてみよう。

原子から出る放射線

原子の中には、放射線を出すものがあります。
放射線は、高いエネルギーをもった粒子(粒子線)や電磁波などです。
放射線は、目に見えませんが、物質を透過する性質や原子を電離(イオン化)する性質などがあります。
高速の粒子の放射線には、アルファ(α)線、ベータ(β)線、中性子線などがあります。
電磁波は、波の性質をもっていて、テレビやラジオの放送に使われている電波や自然の光なども含まれますが、電磁波のうち波長の短い(エネルギーの高い)エックス(X)線やガンマ(γ)線を放射線として区別しています。

◆小さな粒子が高速で飛ぶ放射線

◆波のように伝わる放射線

出典:(社)日本原子力産業協会「放射線ってなんだろう」

放射線の基礎知識

放射性物質と放射能、放射線

放射線は、大きく三つの種類に分けられます。「高速の粒子」と「波長が短い電磁波」です。

放射線を出す物質を「放射性物質」、放射線を出す能力を「放射能」といい、電球に例えると、放射性物質が電球、放射能が光を出す能力、放射線が光といえます。

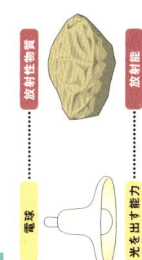

放射線の透過力

放射線には、アルファ(α)線、ベータ(β)線、ガンマ(γ)線、エックス(X)線、中性子線などの種類があり、どれも物質を透過する能力をもっていますが、その能力は放射線の種類によって違います。

アルファ(α)線は紙1枚、ベータ(β)線はアルミニウムの板など、材料や厚さ、放射線の種類を選ぶことによって遮ることができます。

- アルファ(α)線 ━━
- ベータ(β)線 ━━
- ガンマ(γ)線 ／エックス(X)線 〜〜〜
- 中性子線 ━━

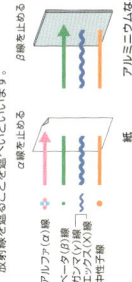

紙 → アルミニウムなどの薄い金属板 → 鉛や厚い鉄の板 → 水やコンクリート

α線を止める／β線を止める／γ線・X線を止める／中性子線を止める

調べてみよう

半減期の規則性は、年代測定に利用されています。どのような方法などの調べてみよう。

放射線・放射能の単位

新聞やテレビなどで見聞きする「ベクレル」や「シーベルト」。これは、放射線を出す物質や放射線の量を表す時に用いられる単位です。

放射性物質が放射線を出す能力（放射能の強さ）を表す単位を「ベクレル(Bq)」といい、人体が受けた放射線による影響の度合いを表す単位を「シーベルト(Sv)」。放射線が人体の組織に吸収されたエネルギーの量を表す単位を「グレイ(Gy)」といいます。

ベクレル(Bq)
放射性物質が放射線を出す能力を表す単位
「ベクレル」は1秒間に1つの原子核が壊変することを表します。例えば、370ベクレルの放射性カリウムは1秒間に370個の原子核が壊変して放射線を出していることになります。
※放射線量には、原子核の放射線を出した時の能力の量と、人体が受けた放射能による影響を表すものがあります。

グレイ(Gy)
物質や人体の組織に放射線が吸収された時に与えたエネルギー量を表す単位。1キログラムの物質が1ジュールの吸収を受けたことをグレイといいます。
※ジュール：エネルギーの大きさを表す単位

シーベルト(Sv)
人体が受けた放射線による影響の度合いを表す単位。
放射線を安全に管理するための指標として用いられます。

放射能の半減期

放射能は、時間的だつにつれて弱まり、放射性物質の量は減っていきます。
放射性物質の量が半分になるまでにかかる時間を半減期といい、その減り方は規則性をもっています。
半減期は、放射性物質の種類によって違い、ごくわずかものから100億年を超える長いものまであります。

放射性物質	放出される放射線	半減期
トリチウム3	β	12.3年
炭素14	β	5730年
カリウム40	α,β,γ	13億年
ウラン238	α,β,γ	45億年
トリウム232	α,β,γ	141億年
セシウム137	β,γ	30年
ストロンチウム90	β	28.7年
コバルト60	β,γ	5.3年
セシウム134	β,γ	2.1年
ヨウ素131	β,γ	8日
ラドン220	α,γ	55.6秒

※半減生成物（原子核に伴に放射線を出して別の原子核になったもの）からの放射線も含む。

出典：（社）日本アイソトープ協会「アイソトープ手帳(10版)」

▶放射線の基礎知識

巻末資料

コラム　放射線・放射能の歴史

1895年 エックス（X）線の発見
ヴィルヘルム・コンラート・レントゲン

真空放電の実験をしていた時、放電管の近くに置いてあった、目にみえないが写真乾板を感光させ、蛍光物質を光らせ、物質を突き抜けるふしぎな性質をもった光線のようなものを発見しました。
エックス（X）線は、医学の分野で応用され、診断・治療に利用されています。後に、この発見の功績からノーベル物理学賞を受賞しています。

1896年 放射能の発見
アンリ・ベクレル

偶然に写真乾板の上に十字架型の文鎮とウラン化合物の結晶をのせ、机の引き出しにしまっておきました。これを現像してみると、乾板に十字架が写っていたことから、ウランがエックス（X）線に似た放射線を出していることに気付きました。

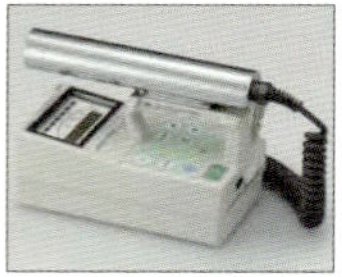

1898年 ラジウムの発見
マリー・キュリー、ピエール・キュリー

マリー・キュリー（キュリー夫人）は、夫のピエール・キュリーとともにウラン鉱石であるピッチブレンド（瀝青ウラン鉱）から、放射能をもった元素を探すことを試みました。
そして、ポロニウムとラジウムという強い放射性物質を発見しました。
「放射能」は、後にキュリー夫人によって名付けられました。

1899年 放射線の種類の発見
アーネスト・ラザフォード

ラジウムから出る放射線について磁石を利用して実験をしたところ、磁石の力で左に曲がる放射線と右に曲がる放射線があることを発見し、それぞれ「アルファ（α）線」と「ベータ（β）線」と名付けました。
その後、新たに発見された放射線を「ガンマ（γ）線」と名付けました。

色々な放射線測定器

放射線は、人間の五感で感じることはできませんが、目的に合わせて適切な測定器を利用することによって数値として確かめることができます。
測定の方法は、大きく三つに分類されます。
①放射性物質の有無や種類を調べるもの
②空間の放射線量を調べるもの（自然放射線量や人工放射線量を含めた空間の放射線量を測定）
③個人の被ばく線量を調べるもの
です。

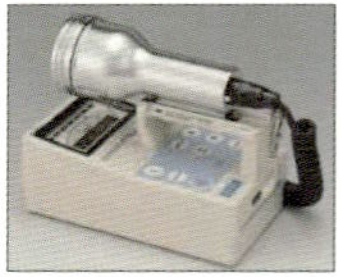

身の回りの放射線を測ってみよう。

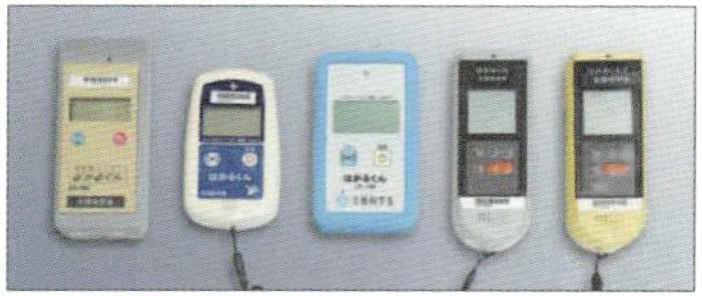

①放射性物質の有無を調べる
ガイガーミュラーカウンタ（GM計数管）など
放射性物質の放射能を測るもの、物質に付着した放射性物質が出しているγ線を調べるのに利用します。
（単位cpm/など）

②空間の放射線量を調べる
シンチレーション式サーベイメータなど
空間の放射線量を測るもの。放射線による人体への影響を調べるのに利用します。
（単位 μSv/h）

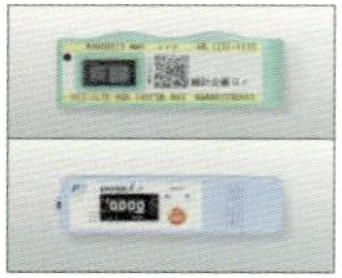

②空間の放射線量を測る
積算線量測定器（はかるくん）（シンチレーション式サーベイメータ）
空間の放射線量を測るもの、身の回りの曲がる放射線（β線、γ線）を調べるのは累計測定用の測定器です。
（単位 μSv/h）

③個人の被ばく線量を調べる
個人線量計
個人が受ける放射線量を測るもの、放射線からの影響やノイズによる放射線量を知るために、携帯形式にしたポケットベストに使用されるものがあります。
（単位 μSv）

● 放射線が通った跡を見ることができます。

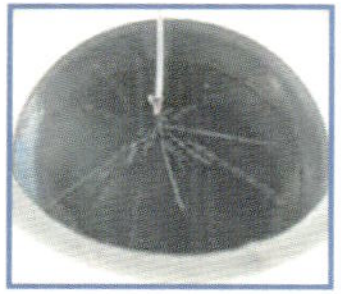

ココがポイント

放射線を測定する時は、その対象や目的に合った放射線測定器を選ぶことが大切です。

●放射線による影響

外部被ばくと内部被ばく

放射性物質が体の外部にあり、体外から被ばくすること（放射線を受けること）を「外部被ばく」といいます。一方、放射性物質が体の内部にあり、体内から被ばくすることを「内部被ばく」といいます。

外部被ばくは、大気からの放射線などの自然放射線や宇宙線（X線撮影などのエックス線）などの人工放射線を受けたり、着ている服や体の表面（皮膚）に放射性物質が付着（汚染）し放射線を受けたりすることです。

放射線は、体を通り抜けるため、体にとどまることはなく、放射線を受けたことが原因で人やものが放射線を出すようになることはありません。

万一、汚染してしまった場合は、シャワーを浴びたり洗濯したりすれば流れ落とすことができます。

内部被ばくは、空気中にある放射性物質などを呼吸したり飲み物や水や食物などを摂取したりすることにより、それに含まれている放射性物質が体内に取り込まれることで起こります。

内部被ばくを防ぐには、放射性物質を体内に取り込まないようにすることが大切です。

◆自然界から受ける放射線量
一人当たりの年間線量

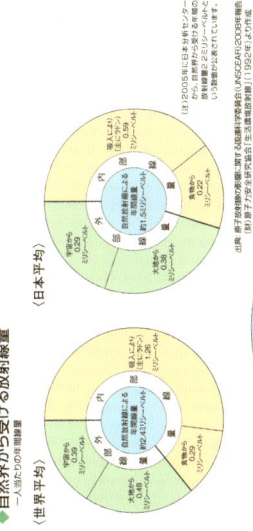

〈世界平均〉 〈日本平均〉

※日本は、2005年に日本分析センターが全国的な調査結果をもとに算出した2.1ミリシーベルトに、2020年にUNSCEAR（2000年報告書）の数値を基にラドンによる吸入線量0.37ミリシーベルトを加算したという背景があります。

出典：（公財）原子力安全研究協会「生活環境放射線」（1992年）

外部被ばく
体の外にある放射性物質から出る放射線を受けること。

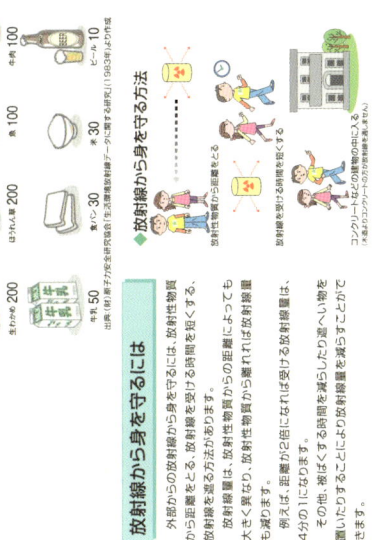

内部被ばく
放射性物質を含む空気や水、食物などを体内に取り込むことによって、体の中から放射線を受けること。

●体内、食物中の自然放射性物質

●体内の放射性物質
（体重60kgの日本人の場合）

- カリウム40　4000ベクレル
- 炭素14　2500ベクレル
- ルビジウム87　500ベクレル
- 鉛210・ポロニウム210　20ベクレル

●食物（1kg）中のカリウム40の放射性物質の量
（単位ベクレル/kg）

- 乾燥昆布　2000
- ほうれん草　200
- 生わかめ　200
- 牛乳　50
- 食パン　30
- 米ぬか　30
- 干ししいたけ　700
- 魚　100
- ビール　10
- ポテトチップ　400
- 牛肉　100

出典：（財）原子力安全研究協会「生活環境放射線」（1983年）より作成

◆放射線から身を守る方法

外部からの放射線の被ばくから身を守るには、放射性物質から距離をとる、放射線を受ける時間を短くする、放射線を遮る方法などがあります。

放射線量は、放射性物質からの距離によっても大きく異なり、距離が2倍になれば放射線量も1/4になります。

例えば、距離が2倍になれば受ける放射線量は、1/4になります。

その他、被ばくする時間を減らしたり遠くへ離れた物を置いたりすることにより放射線量を減らすことができます。

◆測ってみよう

簡易放射線測定器「はかるくん」を使って、放射線は距離や、放射線を遮るものによってどのように減るかを測ってみよう。

放射線による影響

放射線量と健康との関係

一度に多量の放射線を受けると人体に影響が出ますが、低い期間に100ミリシーベルト(mSv)以下の低い放射線量を受けることでがんなどの病気になるかどうかについては明確な証拠はみられていません。しかし、普通の生活を送っていても、がんは色々な原因で起こると考えられていて、低い放射線量を受けた場合に放射線が原因でがんになるかどうかは明確ではありません。

国際的な機関である国際放射線防護委員会(ICRP)は、一度に100ミリシーベルトまで、あるいは1年間に100ミリシーベルトを超える被ばくを検討して受けた放射線量でも、線量とがんの死亡率との間に比例関係があると考えて、影響できる範囲で線量を低く保つように勧告しています。また、色々な研究の成果から、このような低い線量をやゆっくりと放射線を受ける場合と比べて2分の1になる人の割合が想像の放射線のように急激に受けた場合と比べて2分の1になるとしています。

ICRPでは、仮に基準値で100ミリシーベルトを受けた場合、1000人が受けた場合で、およそその人々が病気によって亡くなる可能性があると計算されています。現在の日本人は、およそ30%の人が生涯でがんによって亡くなる可能性があると計算されています。1000人のうちおよそ300人ですが、100ミリシーベルトを受けると300人がおよそん増えて、305人ががんで亡くなると計算されます。

なお、自然放射線であっても人工放射線であっても、受ける放射線量が同じであれば人体への影響の度合いは同じです。

◆身の回りの放射線被ばく

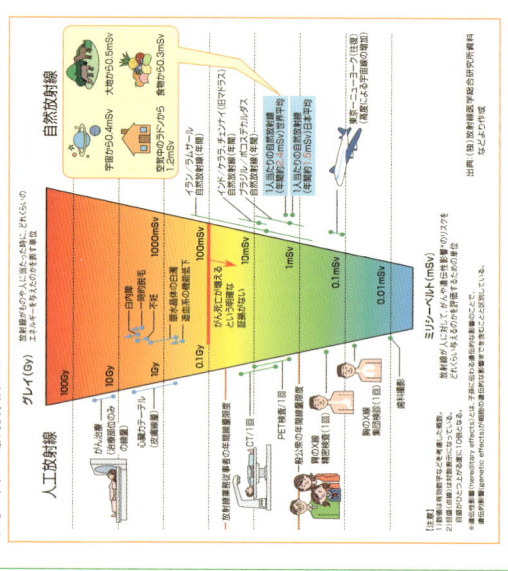

がんの色々な発生原因

私たちの体を形づくる細胞は、DNA(デオキシリボ核酸)に記録された遺伝情報を使って生きています。DNAは、物理的な原因や化学的な原因などで傷付けられますが、放射線もDNAを傷付ける原因の一つです。しかし、細胞には傷付いたDNAを治す能力があるため、細胞の中では、常にDNAの損傷と修復が繰り返されています。
DNAが傷ついて遺伝情報が誤って伝えられることがあり、誤った遺伝情報をちゃんと修復できなかった細胞は死んでしまいますが、ごくまれに生き残る変異細胞の中から、さらに変異を繰り返したものががん細胞に変化することがあります。

がんは、色々な原因で起こることが分かっています。喫煙、食事、食習慣、ウイルス、大気汚染などについては注意することが大事ですが、これらと同様に原因の一つと考えられる放射線についても受ける量を少なくすることが大切です。

◆がんなどの病気を起こす色々な原因

出典:(社)日本アイソトープ協会
(改訂版 放射線被ばくの早見図(ABCC)(2011年)などより作成)

ココがポイント

自然にある放射線やエックス(X)線検査などで日常的に受ける量であれば、健康への影響はありませんが、放射線を受ける量はできるだけ少なくすることが大切です。

暮らしや産業での放射線利用

放射線の性質

放射線には、ものを通り抜ける性質（透過力）があります。また、物質を変質させる働きをもっています。放射線は、これらの性質を活かして、色々な分野で利用されています。

医療での利用

病院などで受けるエックス(X)線検査は、透過力を利用したものです。

その歴史は古く、キュリー夫人は、車に積んだエックス(X)線装置で負傷した兵士の骨折などを診断し、人命救助のために働きました。また、放射線は注射器、手術用メスなどの医薬品の滅菌やがんの治療にも利用されています。がんの治療では、がんに集中的に放射線を当てて、周りの正常な部位（細胞）のダメージを少なくし、がん細胞を消滅させることが可能になっています。

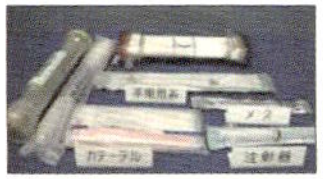

農業での利用

じゃが芋などに放射線を当てて、芽が出るのを防ぐことができます。

芽の細胞以外に影響を与えることはなく、これにより、じゃが芋を長く保存することが可能になります。

この他、放射線による品種改良も行われていて、病気への低抵抗性をもたせたり、梨や米などに強い稲など、色々な品種がつくられています。また、沖縄県などでは、ゴーヤやスイカに被害を与えていた害虫であるウリミバエを駆除するために放射線が利用されています。ウリミバエの生殖能力を無くすことにより、繁殖を徐々に抑えることができ、ウリミバエによる被害を絶滅させることに成功しました。

ココがポイント

放射線は、その性質を活かして、色々な分野で利用されています。

工業での利用

プラスチックやゴムに放射線を当てることによって、耐熱性や耐水性、耐磨耗性、硬さなどを向上させることができるため、自動車のタイヤの製造などに利用されています。また、放射線を当てることで物質に水分をもつ一定の形を保つ性質をもたせ、水を含んだまま一定の形を保つ透明で柔軟性のある樹脂が材料がつくられています。

その他、電子線を利用することにより、排ガスや排水中の有害な化学物質を分解処理する技術が開発され、利用されています。

自然・人文科学での利用

考古学では、エックス(X)線の透過力を利用して、像などを壊さずに内部を調べる時に利用しています。また、炭素14の放射能の量を調べることで放射性炭素年代測定法にて遺跡から出た土器などの年代を調べています。これは、土器や土器などに含まれている炭素14の長い半減期(5730年)を利用しています。

先端科学技術での利用

兵庫県にある大型放射光施設SPring-8は、「放射光」と呼ばれる強力な電磁波を発生させ、物質科学から生命科学まで幅広い研究に利用しています。

例えば、小惑星探査機「はやぶさ」が持ち帰った微粒子の解析やインフルエンザ治療薬の開発などに利用しています。

放射線の管理・防護

平常時の管理に伴うモニタリング

原子力発電所など原子力施設の周辺では、原子力施設から放出された放射性物質による周辺環境への影響を監視するため、敷地周辺にモニタリングステーションやモニタリングポストを設置しています。これらを用いて環境中の放射線量を監視し、事業者や自治体のホームページなどで情報が公開されています。

また、周辺の海底土、土壌、農産物、水産物などについても、定期的に試料を採取して放射能の測定（モニタリング）を行い、放出された放射性物質が周辺に影響を与えていないかどうかの確認がされています。全国の自治体などでは、放射線や放射能を調査しており、空気中のちりや土壌などを調べ、放射性物質の分析やモニタリングを行っています。

◆原子力施設周辺の放射線モニタリング

モニタリングカー
放射線や放射能を測定する機器などを車両に搭載して、モニタリングを行っています。

モニタリングステーション
気象などの測定に加えて空気中に浮遊するちりに含まれる放射線や気象データを測定しています。

環境試料採取（陸上）
農作物、牛乳、土壌、雨水、河川水などをサンプリングし、放射能を測定しています。

環境試料採取（海洋）
海の水、海藻、海水などをサンプリングし、放射能を測定しています。

モニタリングポスト
原子力施設や研究施設周辺では、放射線量を連続に測定しています。

施設周辺の放射線を測定します。

海水に含まれる放射能を調べていきます。

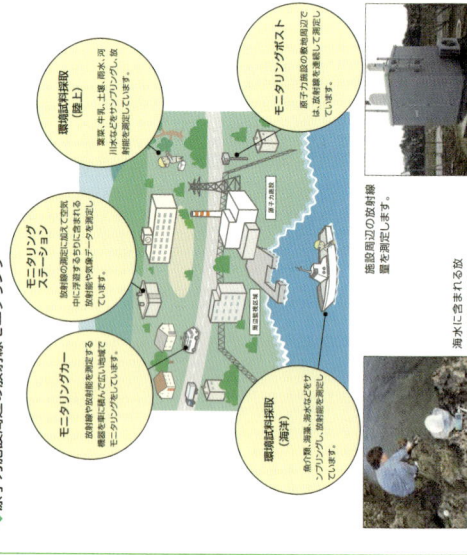

非常時における放射性物質に対する防護

原子力発電所など原子力施設から放射性物質が事故などにより放出された場合には、放射性物質が風に乗って飛んで来ることもあります。その際、長袖の服を着たりマスクをしたりすることにより、体に付着することを防ぐことができます。屋内へ入り、ドアや窓を閉めたりエアコンや換気扇の使用を控えることも大切です。また、放射性物質は、顔や手に付くと洗い流すことができます。

その後、時間がたてば放射性物質は地面に落ちなどして、空気中に含まれる量が少なくなっていきます。そうすれば、マスクをしなくてもよくなります。

（※空気清浄機はマスクしているのと同じ効果があります）

退避や避難の考え方

放射性物質を扱う施設で事故が起こり、周辺への影響が心配される時には、県や国から周辺施設などへの指示が出されます。

退避・避難などでは、周辺のデマなどに惑わされず、ラジオやテレビでの正確な情報を得ること、家族や先生などの指示を受けて、落ち着いて行動することが大切です。

事故後の状況に応じて、指示の内容も変わってくることにも注意が必要です。

退避・避難する時の注意点

正確な情報を得て行動する

退避

避難

退避と避難は、どちらも放射性物質から身を守ることであり、退避はまず指定された建物の中にいること、避難はまた指定された建物などから離れて別の場所に移ることです。

調べてみよう、考えてみよう

身近な環境放射線のモニタリング施設の場所や測定データを調べてみよう。また、放射性物質から身を守らなければならない状況やその方法について考えてみよう。

放射線についての参考Webサイト

放射線の人体への影響など

- (社)日本医学放射線学会◆
  http://www.radiology.jp/
- 日本放射線安全管理学会◆
  http://wwwsoc.nii.ac.jp/jrsm/
- 日本放射線影響学会◆
  http://wwwsoc.nii.ac.jp/jrr/
- (独)放射線医学総合研究所「放射線Q&A」◆
  http://www.nirs.go.jp/

放射線の食品への影響など

- 食品安全委員会◆
  http://www.fsc.go.jp/
- 厚生労働省◆
  http://www.mhlw.go.jp/
- 農林水産省◆
  http://www.maff.go.jp/
- 消費者庁「食品と放射能Q&A」◆
  http://www.caa.go.jp/jisin/pdf/110701food_qa.pdf

環境放射能など

- 文部科学省「放射線モニタリング情報」◆
  http://radioactivity.mext.go.jp/ja/
- 文部科学省「日本の環境放射能と放射線」◆
  http://www.kankyo-hoshano.go.jp/kl_db/servlet/com_s_index

著作・編集

放射線等に関する副読本作成委員会

[委員長]

中村 尚司　東北大学名誉教授

[副委員長]

熊谷 鉱介　静岡大学教育学部教授

[委員]

飯本 武志　東京大学環境安全本部准教授
大野 和子　京都医療科学大学医療科学部教授 社団法人日本医学放射線学会
甲斐 倫明　大分県立看護科学大学教授 日本放射線影響学会
高田 太樹　中野区立南中野中学校主幹教諭 全国中学校理科教育研究会
野村 貴美　世田谷区立明育学校中高等部副校長 日本放射線安全管理学会
藤本 登　長崎大学教育学部教授
隈岡 志　西條東市立石川小学校校長 全国小学校理科研究協議会主任委員 長期的な学習教育研究協議会
安比 礼子　東京都立小石川中等教育学校主任教諭 日本理化学会
米原 英典　独立行政法人放射線医学総合研究所 放射線防護研究センター規制科学研究プログラムリーダー
渡邊 美智子　茨城県土浦市立山ノ庄小学校教諭 全国小学校理科教育研究協議会

(五十音順)

(敬称略・五十音順)

監修

社団法人日本医学放射線学会
日本放射線安全管理学会
日本放射線影響学会
独立行政法人放射線医学総合研究所

(五十音順)

写真提供・協力

財団法人高輝度光科学研究センター、九州電力株式会社、京都大学医学部附属病院、株式会社千代田テクノル、東北放射線科学センター・中西レディース、公益財団法人日本科学技術振興財団、日本原燃株式会社、財団法人日本原子力文化振興財団、財団法人日本分析センター、日立アロカメディカル株式会社、富士電機株式会社、独立行政法人放射線医学総合研究所、財団法人放射線計測協会センター、独立行政法人理化学研究所

発行

文部科学省
〒100-8959
東京都千代田区霞が関3-2-2

平成23年10月発行

(敬称略・五十音順)

参考文献・資料

A. プラトカニス、E. アロンソン著、社会行動研究会訳 (1998)、『プロパガンダ——広告・政治宣伝のからくりを見抜く』、誠信書房（Anthony R. Pratkanis, Elliot Aronson(1997) "Age of Propaganda: The Everyday Use and Abuse of Persuasion", Henry Holt & Co）

Bundesministerium für Umwelt, Naturschutz und Reaktorsicherheit（BMU、ドイツ環境省）（2008）"Einfach abschaltenü Materialien für Bildung und Information"

Committee to Assess Health Risks from Exposure to Low Levels of Ionizing Radiation, National Research Council, National Academy of Sciences（2006）"Health Risks from Exposure to Low Levels of Ionizing Radiation: Beir VII Phase 2"

後藤忍・鈴木伸裕（2012）、「原子力小論文コンクールの入賞作品における論点の分析」、福島大学共生システム理工学類 卒業研究、環境計画研究室

後藤忍・菅原百合子(2013)、「原子力と放射線に関する副読本の内容分析」、福島大学共生システム理工学類 卒業研究、環境計画研究室

ICRP（2007）"The 2007 Recommendations of the International Commission on Radiological Protection"

ICRP（2009）"Application of the Commission's Recommendations to the Protection of People Living in Long-term Contaminated Areas After a Nuclear Accident or a Radiation Emergency"

小出裕章（2011）、『原発のウソ』、扶桑社新書

「国連持続可能な開発のための教育の10年」関係省庁連絡会議（2006）、「我が国における『国連持続可能な開発のための教育の10年』実施計画」

国立教育政策研究所教育課程研究センター（2007）、「環境教育指導資料[小学校編]」

クリスティン・シュレーダー＝フレチェット著、松田毅監訳（2007）、『環境リスクと合理的意思決定－市民参加の哲学』、昭和堂（K.S. Shrader-Frechette（1991）"Risk and Rationality: Philosophical Foundations for Populist Reforms"）

文部科学省（2011）、「放射線について考えてみよう」（小学生用）

文部科学省（2011）、「知ることから始めよう 放射線のいろいろ」（中学生用）

文部科学省（2011）、「知っておきたい放射線のこと」（高校生用）

文部科学省・経済産業省資源エネルギー庁（2010）、「わくわく原子力ランド」（小学生用）

文部科学省・経済産業省資源エネルギー庁（2010）、「チャレンジ！原子力ワールド」（中学生用）

中川恵一（2011）、『放射線のひみつ』、朝日新聞社

中西準子（2004）、『環境リスク学－不安の海の羅針盤』、日本評論社

NHK「東海村臨界事故」取材班（2006）、『朽ちていった命－被曝治療83日間の記録』、新潮文庫

日本原子力文化振興財団（1991）、「原子力PA方策の考え方」（＊メディア総合研究所・放送レポート編集委員会編（2011）、『大震災・原発事故とメディア』、大月書店、に所収）

欧州環境庁、松崎早苗監訳（2005）、『レイト・レッスンズ－14の事例から学ぶ予防原則』、七つ森書館（European Environment Agency (2001) "Late Lessons from Early Warnings: The Precautionary Principle 1896-2000"）

ロバート・B・チャルディーニ、社会行動研究会訳（1991）、『影響力の武器』、誠信書房（R.B.Cialdini(1988) "INFLUENCE", All & Bacon）

＊原則としてアルファベット順。本文中で引用・参照した中から、冊子・書籍の媒体のものを掲載。

●図・写真の掲載にあたって：
- 35ページ　図12　被ばくしたO氏の染色体の顕微鏡写真
- 36ページ　図13　被ばくしたO氏の右手の様子

　出典元および取材元に著作権者の連絡先を照会しましたが、不明でした。被ばくによる人体への影響を理解するために非常に貴重な写真であることを鑑みて掲載をいたしました。本書をご覧になってお気づきの方がおられましたら、編集部にご一報をいただければ幸いです。

- 62ページ　図27　2009年度原子力ポスターコンクールにおける入賞作品の例

　主催者に掲載許諾を申請したところ、現在は行われていない事業なので掲載は控えてほしいとの回答でした。作品を描いた子どもの心情に配慮しましたが、子どもたちには何の非もないことを明記した上で、以下の重要性を考慮し掲載することとしました。
・コンクールは税金を使って公的に行われたものであり、私たちは知る権利があるため。
・原子力ポスターは、福島第一原発事故後に削除されたが、"減思力"の教育・広報の象徴的な例と位置づけられるものであり、記録し、教訓とする必要があるため。

福島大学 放射線副読本研究会

福島大学放射線副読本研究会は、
社会貢献活動の一環として、放射線と被ばくの問題について研究し、
副読本などの媒体を通じて情報発信することを目的として、
福島大学の教員有志により結成された組織です。
（2012年2月設立）

■メンバー（五十音順，2013年2月現在）

荒木田　岳（行政政策学類），石田　葉月（共生システム理工学類），
井本　亮（経済経営学類），遠藤　明子（経済経営学類），
小野原　雅夫（人間発達文化学類），金　炳学（行政政策学類），
熊沢　透（経済経営学類），後藤　忍（共生システム理工学類），
小山　良太（経済経営学類），坂本　恵（行政政策学類），
佐野　孝治（経済経営学類），塩谷　弘康（行政政策学類），
十河　利明（経済経営学類），永幡　幸司（共生システム理工学類），
藤本　典嗣（共生システム理工学類），村上　雄一（行政政策学類）

後藤　忍（福島大学 共生システム理工学類、放射線副読本研究会）

1972年大分県生まれ。2000年大阪大学大学院工学研究科環境工学専攻修了（博士（工学））。科学技術振興事業団戦略的基礎研究推進事業（CREST）研究員、福島大学行政社会学部講師、同助教授を経て、2004年より福島大学理工学群共生システム理工学類准教授。専門は環境計画、環境システム工学、環境教育など。
共著に『原発災害とアカデミズム』（合同出版）、『阿武隈川流域の環境学』（福島民報社）など。

【連絡先】
福島大学放射線副読本研究会 事務局（後藤忍研究室内）
Tel: 024-548-5171　　　E-mail: fukudokuhonkenkyukai@gmail.com
電子ファイル版は、改訂版、初版ともに、後藤忍研究室（環境計画研究室）のウェブサイトに掲載しています。
URL：https://www.ad.ipc.fukushima-u.ac.jp/~a067/index.htm

みんなで学ぶ放射線副読本
科学的・倫理的態度と論理を理解する

2013年3月11日　第1刷発行

編　著　後藤　忍
監　修　福島大学 放射線副読本研究会
発行者　上野良治
発行所　合同出版株式会社
　　　　東京都千代田区神田神保町1-28
　　　　郵便番号 101-0051
　　　　電話 03（3294）3506　FAX03（3294）3509
　　　　URL：http://www.godo-shuppan.co.jp
　　　　振替 00180-9-65422
印刷・製本　新灯印刷株式会社

■刊行図書リストを無料送呈いたします。
■落丁乱丁の際はお取り換えいたします。

本書を無断で複写・転訳載することは、法律で認められている場合を除き、著作権及び出版社の権利の侵害になりますので、その場合にはあらかじめ小社あてに許諾を求めてください。
ISBN978-4-7726-1097-1　NDC379　210×148
©GOTO Shinobu, 2013